# 카카오와
# 초콜릿

# 77 가지
# 이야기

이 도서의 국립중앙도서관 출판예정도서목록(CIP)은 서지정보유통지원시스템 홈페이지 (http://seoji.nl.go.kr)와 국가자료공동목록시스템(http://www.nl.go.kr/kolisnet)에서 이용하실 수 있습니다. (CIP제어번호 : CIP2016023520)

# 카카오와 초콜릿

## 77가지 이야기

김종수 지음

## 책을 시작하며 ▌

궁금하다는 것은 앎을 향한 출발이다. 호기심과 '왜'라는 질문은 배움의 동기가 되고 깨달음의 바탕이 된다. 올바른 지식은 유익하고 좋은 것이지만 잘못된 지식은 차라리 알지 못하는 것보다 못할 수도 있다. 한번 잘못된 지식을 갖게 되면 그 지식을 올바른 새로운 지식으로 수정하는 것은 무척이나 어렵기 때문에 처음부터 올바른 지식을 가지는 것은 무엇보다 중요하다.

사람의 지식은 발전하고 과학은 진보하기 때문에 오늘의 학문과 지식이 불변의 진리는 아니다. 그래서 지금까지 알지 못했던 것들이 발견되기도 하고 옳다고 알고 있던 것들이 옳지 않다고 밝혀질 수도 있다. 따라서 이 책에 있는 내용에도 앞으로 더 많은 진보와 발전이 있기를 기대한다.

이 책을 쓰기 전에 『카카오에서 초콜릿까지』라는 책을 썼다. 그 책은 카카오와 초콜릿에 관련하여 원료, 제조, 제품 특성, 품질 등에 대해 전문적인 내용을 담은 책으로 일반인들이 이해하기에는 다소 어럽다. 이를테면 전문서적으로 초콜릿과 관련해 전문적으로 일을 하는 사람이나 초콜릿에 대해서 전문적인 공부를 한다든지 기술적으로 접근해보고자 하는 사람에게 적합한 말하자면 프로들에게 권하는 책이다.

이 책은 『카카오에서 초콜릿까지』보다 일반적이고 쉬운 내용들을 다루었다. 많은 사람이 관심을 가지고 있을만한 주제를 잡아 오해나 진실에 대한 논란이 있는 것들, 그리고 초콜릿에 관심을 가진 사람에게 도움이 될 만한 것을 중심으로 썼다. 작은 질문에 긴 답을 한 형태로 관심 있는 주제가 있다면 해당되는 부분을 발췌해서 볼 수도 있을 것이다.

이 책은 초콜릿을 많이 먹자는 것이 아니라 우리가 먹는 초콜릿을 잘 알고 잘 먹자는 것이다. 모르면 무지하기에 스스로에게 관대해지만 그로 인한 결과와 책임 또한 스스로의 몫이 된다.

초콜릿은 원래 외국에서 들여온 것이므로 초콜릿과 관련된 용어들도 대부분 외국어가 더 자연스럽고 이해가 편한 것이 많다. 세계화 시대에 억지로 한국어로 의역을 하는 것보다 이해하기 쉽다면 영어 등 외국에서 보편적으로 사용하는 표현을 사용했다. 글로벌한 소통에 있어서 더 유용할 수도 있다는 생각이다. 같은 이유로 이해를 돕기 위해서 몇몇 용어는 영어를 병기하였다.

더 깊이 알고자 하는 사람은 나름대로 질문과 대답을 더해가면서

읽으면 이 책에서 뿐만이 아니라 다른 책이나 정보를 통해서 깊이를 더할 수 있는 주춧돌이 될 것이다. 부족하나마 이 책이 카카오와 초콜릿을 잘 이해하는 데에 도움이 되어 올바른 지식뿐만 아니라 먹는 즐거움과 함께 몸에도 유익함을 얻기를 바라는 바이다.

이제는 훌쩍 성장한 아들과 딸에게 아버지가 일해 온 분야의 이야기를 글로서나마 들려주고 싶다. 이제까지 동행해 온 아내에게 고마움을 전하고 오랫동안 초콜릿을 통해 관계를 맺어온 많은 사람들에게도 감사를 드린다.

글을 쓸 때마다 무엇을 어떻게 써야할까 고민하지만 일단 시작하면 지혜와 지식을 더해주시는 하나님께 감사드린다. 많이 부족한 글이지만 출간해주신 한울엠플러스의 여러분에게 감사를 드린다.

2016년 9월

김종수

# 3부 이건 무슨 초콜릿인가요?

# 4부 초콜릿을 어떻게 하면 잘 먹을 수 있나요?

# 1부

# 카카오란 무엇인가요?

© Fpalli

# 01

## 카카오와 코코아

'카카오'는 카카오
나무에서 수확한
열매를,
'코코아'는
카카오를
가공한 것을
말한다.

카카오cacao가 맞을까? 코코아cocoa가 맞을까? 흔히 카카오와 코코아란 용어를 구분 없이 혼용해 사용하곤 한다. 물론 두 용어를 혼동한다고 해서 초콜릿을 먹는 데 아무런 불편도 없다.

카카오톡이라는 앱이 대중화되기 전만 해도 카카오라는 용어는 생소한 것이었다. 코코아라는 용어 역시 핫코코아같은 음료 등으로 그나마 알려져 있었지만, 일반적으로는 초콜릿이라는 용어가 널리 알려져 혼용되어 쓰이고 있었다.

카카오나 초콜릿에 관해 관심이 크지 않고 관련 제품도 많지 않아 소비도 적었을 때에는 카카오와 코코아를 굳이 구분하지 않고 사용해도 되었을 것이다. 하지만 이제는 제조자에게 이런 구분은 아주 중요하게 되었다. 물론 소비자에게도 이 구분은 초콜릿에 표시된 내용들을 이해하는 데 도움이 된다.

다시 말하자면, 카카오와 코코아라는 두 용어를 일정한 기준을 가지고 정확히 이해하는 것은 원료부터 제품까지 초콜릿과 관련된 것들을 이해하는데 있어서 아주 중요하다. 카카오와 코코아의 특성 및 용도가 서로 다르기 때문에 관련된 자료나 제품들이 다양해진 오늘날, 초콜릿을 법적으로 규정하려면 용어들을 명확하게 정의할 필요가 있기 때문이다. 현재 카카오와 코코아에 대해 법적으로 규정되어 있지만 아직 법적 규정이 명확하지 않은 경우도 있다.

우리나라 식품공전Korean Food Standards Codex에는 '코코아 가공품류 또는 초콜릿류'의 정의를 다음과 같이 하고 있다.


" 코코아 가공품류 또는 초콜릿류라 함은 테오브로마 카카오 Theobroma Cacao의 열매로부터 얻은 코코아매스cocoa mass, 코코아버터cocoa butter, 코코아분말cocoa powder 등이거나 이에 식품 또는 식품첨가물을 가하여 가공한 초콜릿, 스위트초콜릿, 밀크초콜릿, 패밀리밀크초콜릿, 화이트초콜릿, 준초콜릿, 초콜릿가공품을 말한다. "

• 카카오 빈과 코코아매스, 코코아버터, 코코아분말 _pictorial ❶

식품공전에 나와 있는 것처럼 한국에서는 공식적으로 카카오와 코
코아, 초콜릿을 분명하게 구분하여 표시하고 있다. 즉, 카카오 나무
cacao tree나 그 열매인 카카오 포드cacao pod, 카카오 빈cacao bean 등
가공되기 전의 상태를 표현할 때는 '카카오'라 하고 코코아매스, 코코
아버터, 코코아 케이크cocoa cake, 코코아분말 등 가공을 거쳐서 만들
어진 것을 일컬을 때는 '코코아'라 하며 이러한 코코아 가공품과 다른
식품 소재들을 혼합하여 만든 제품 상태를 '초콜릿'이라 이름하고 있다.

아직도 카카오매스나 카카오버터, 카카오분말이라는 말을 사용하는 사람도 있지만 한국에서 법규에 맞춰 등록한다든지 포장재에 표시할 경우는 반드시 코코아매스, 코코아버터, 그리고 코코아분말이라는 용어를 사용해야 한다.

---

**⚹ 알고 가기 ⚹**

왜 우리나라에는 카카오 나무가 없을까? 왜 카카오는 남미나 아프리카, 동남아 등의 특정 지역에서만 재배되는 것일까?

카카오 나무의 재배에는 기온이 27~30℃로, 습도가 90~100%로 유지되며 연간 강수량이 1,700~3,000mm가 되는 열대 기후가 적합하다. 따라서 적도를 기준으로 북위 18도부터 남위 15도까지의 지역인 남미, 아프리카, 동남아 등에 재배가 집중되어 있다.

© Fpalli

# 02

## 카카오 포드와 카카오 빈

카카오 포드란
겉껍질이 붙어 있는
수확한 상태의
카카오 열매를 말하고,
카카오 빈은
카카오 포드 안에
들어 있는 낱개의 콩으로
최종적으로 사용되는
열매를 말한다.

카카오 나무의 열매인 카카오 포드cacao pod는 카카오의 생명력을 결집해 놓은 총합체라 할 수 있다. 그 안을 자세히 들여다보면 다양한 속성들을 볼 수 있다.

카카오 포드는 열매 껍질 부분인 펄프pulp와 알맹이인 빈bean으로 나눌 수 있는데 껍질 부분인 펄프는 달콤하고도 점액성이 있는 반면 알맹이인 빈은 알칼로이드 때문에 쓴맛이 난다. 이런 맛 차이 때문에 빈보다 달콤한 펄프가 먼저 식용으로 사용되었던 것 같다.

초콜릿의 원료인 카카오를 생산하는 카카오 나무의 공식적인 학명은 '테오브로마 카카오Theobroma Cacao'인데 그리스어로 '신들의 음식

(food of the gods)'이라는 의미이다. 예전에는 카카오를 화폐처럼 사용하기도 해서 그런지 카카오 나무의 처음 라틴어 이름은 '아뮈그달라이 페큐니아리아이Amygdalae pecuniariae'였다. 그 의미는 '돈 아몬드(money almond)'이다. 이후 스웨덴의 식물학자인 린네가 카카오 나무를 신이 준 것으로 생각해서 '신들의 음식'이라는 의미의 테오브로마Theobroma라고 명명했다.

카카오 나무는 심고 나서 5년이 지나야 열매인 카카오 포드를 얻을 수 있는데 가장 많은 열매를 맺는 시기는 심고 나서 10년 정도가 지난 다음이다. 카카오 나무는 약 30~40년간 열매를 맺는데 처음 열매를 맺는 시기나 결실 기간은 품종이나 재배지에 따라 다를 수 있다.

그럼 카카오 나무의 수명은 얼마나 될까? 200년까지도 살 수 있다고 하니 인간의 수명보다 길다고 할 수 있다. 하지만 수명이 200년이라고는 해도 실제로 그렇게 오래 살지는 않을 것이다. 왜냐하면, 카카오 나무의 재배 목적은 열매의 수확이기 때문에 열매가 충분히 안 열리면 새로운 나무로 대체될 것이기 때문이다.

카카오 포드가 식물학적으로 무엇이냐에 대해서 많은 논란이 있어왔다. 어떤 사람들은 프루트fruit라고 하고 어떤 사람들은 베리berry라고 하는데 그 중간적인 입장을 취해서 프루트배케이트fruit baccate라고 하기도 한다. 이 말은 '베리같은(like a berry)'이라는 의미이다. 배케이트는 베리를 닮은 과일이라는 의미로 실제로 베리든지 아니든지 간에 상관없이 일컫는 말이다. 어쨌든 카카오 포드는 기존에 어느 카테고리에도 속하기가 어려운 것임에는 틀림없다.

카카오 열매의 수확은 아주 조심스럽게 이루어진다. 카카오 나무는 뿌리가 얇고 나무껍질이 약해서 사람이 나무에 올라가서 열매를 딸 수 없다. 열매를 수확할 때는 낮은 곳에 있는 카카오 포드를 나무망치나 날이 넓은 마체테machete라는 칼을 사용하여 잘라내고 높은 곳에 있는 열매는 긴 핸들이 달린 벙어리장갑처럼 생긴 칼로 자른다.

카카오 나무는 연중 열매를 맺으므로 농부들은 어느 열매가 익은 것인지를 잘 살펴서 제때에 수확해야 하는데 크게는 일 년에 두 번 수확한다. 그중 가을에 하는 수확이 가장 중심이 되며 주요 수확main crop이라 하고 봄에 하는 수확은 그 중간시기로 보아 중간 수확mid crop이라 한다. 정확한 시기는 기후에 따라 변동이 있다.

---

### ✂ Tip. 마체테 ✂

마체테는 스페인어인데 커다란 식칼과 같이 생긴 칼로 날이 넓은 것이 특징이다.

칼날이 그리 예리하지 않고 조금은 무딘 마체테는 카카오 열매를 수확할 때만이 아니라 풀을 벨 때도 널리 사용된다.

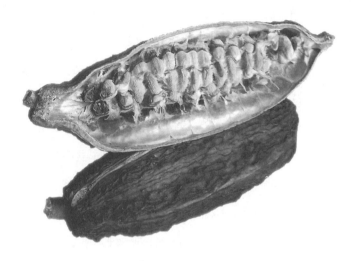

• 카카오 포드와 카카오 빈 _pictorial ❷

　수확한 카카오 포드는 나무망치나 칼을 사용하여 껍질을 벗겨내고 안에 들어 있는 카카오 빈을 꺼내어서 발효 및 건조를 시킨다. 이때 초콜릿 향이 없는 카카오 빈에 서서히 특유의 향이 만들어진다.

　카카오 빈의 발효 과정은 하나의 파노라마 영상을 보는 듯하다. 이 과정이 지나면 색상뿐만 아니라 맛과 향도 크게 변한다. 카카오 빈을 덮는 바나나 잎들과 뜨거운 태양, 그리고 많은 미생물들의 활발한 활동과 물리적 화학적 변화가 함께 어우러져서 훌륭한 결과물을 만들어내는 것이다. 마치 천연의 돌을 연마하여 보석을 만드는 과정과 같다고 할 수 있다.

발효 및 건조를 거친 카카오 빈은 선별한 후 가공하여 초콜릿의 기본 원료로 사용한다. 선별된 카카오 빈을 볶은 다음 곱게 갈아 만든 것을 코코아매스라고 하는데 코코아리커cocoa liquor, 초콜릿리커 chocolate liquor 또는 코코아페이스트cocoa paste라고도 한다. 코코아매스를 압착해서 유지 성분만을 분리시킨 것이 코코아버터이며 유지를 분리하고 난 나머지 부분은 케이크처럼 되어 있어서 코코아케이크 cocoa cake라고 하고 이 코코아케이크를 분말로 만든 것이 코코아분말이다.

---

### ⚐ 생각해 보기 ⚐

카카오가 없어진다? 카카오는 자연환경 아래에서 재배되는 나무이므로 기후나 병충해 등에 의해서 큰 영향을 받는다. 예를 들어 카카오를 많이 재배하는 라틴 아메리카에서 카카오 나무에 심각한 질병이 발생하면 카카오의 수확량은 급감하게 된다. 때로는 가뭄 때문에 수확량이 급감할 수도 있다.

이처럼 병충해나 기후 등에 의해 카카오의 수확량이 급감하면 가격은 급등하게 된다. 그뿐만 아니라 초콜릿의 소비량이 지속적으로 증가하면서 카카오의 적절한 공급이 점점 어려워지고 있다. 중국이나 인도 등 인구 대국에서 초콜릿 소비가 급격히 늘어나면 이와 같은 우려는 더욱 심각해질 것이다. 카카오는 나무의 나이가 5년 정도가 지나고 수확을 해야 하는데 수요 증가에 맞추기 위해 미리 수확해 카카오 나무의 결실 수명을 단축시킬 우려도 있다.

© Fpalli

**코코아 가공품**

코코아매스는
카카오 빈을
곱게 갈아놓은 상태,
코코아버터는
코코아매스를
압착해서 얻은 유지,
코코아분말은
코코아매스에서
유지를 뺀
고형물이다.

우리가 즐겨먹는 초콜릿이나 따뜻하게 마시는 핫초코는 수확한 카카오 열매를 어떻게 가공해 만드는 것일까?

카카오 나무에서 수확한 카카오 열매를 가공한 코코아 가공품은 크게 코코아매스, 코코아버터, 그리고 코코아분말이라는 세 개의 원료로 구분된다. 물론 카카오 빈을 그대로 사용하거나 작게 부수어 그대로 사용하기도 하지만 그런 경우는 많지 않다.

코코아매스는 볶은 카카오 빈을 곱게 갈아 페이스트 상태로 만들어 놓은 것을 말하는데 코코아버터와 코코아분말을 만들기 전의 상태로 코코아버터와 함께 코코아 고형물cocoa solid이 포함되어 있다. 코코아매스의 품질은 원료인 카카오 빈의 품종 및 재배산지, 발효, 건조, 로스팅 상태 등에 의해 결정된다.

코코아버터는 코코아매스를 압착해서 얻은 유지이다. 코코아버터의 향은 카카오 빈의 품종 및 재배산지에 따라 달라지는데 코코아매스에 비하면 아주 약하다. 따라서 코코아버터는 초콜릿에 카카오의 향을 부여하기 위해서보다는 물성 및 입안에서의 좋은 느낌을 부여하기 위해서 사용된다. 코코아버터는 입안에서 카카오의 향을 골고루 분포시켜주는 역할을 하고 체온 가까이에서 녹는 특성으로 입안에서 청량감을 낸다. 카카오 빈의 약 50~55%가 코코아버터이다.

코코아분말은 코코아매스에서 코코아버터를 빼낸 후에 남은 코코

### ✄ 계산해 보기 ✄

우리가 먹는 초콜릿을 만드는 데는 카카오 빈이 얼마나 사용되는 것일까? 초콜릿에 사용되는 카카오 빈 등 각 원료들의 양은 제품의 표시사항을 보고 알 수도 있다. 다크초콜릿을 만드는 경우를 들어 살펴보자.

다크초콜릿 100g 중에서 카카오 함유량이 70%이면 70g 정도가 카카오이다. 코코아매스와 코코아버터, 그리고 코코아분말이 각각 얼마씩 들어있느냐에 따라서 다르겠지만 코코아매스를 기준으로 추정해 보면 카카오빈에서 버려지는 껍질과 공정 중 손실 등을 고려하면 카카오 빈 하나에서 사용할 수 있는 양은 개당 0.8g 정도이다.

즉 카카오 함량이 70%인 100g의 초콜릿을 만들기 위해서는 약 88개의 카카오 빈이 필요한 것이다.

아케이크cocoa cake를 분말로 만든 것이다. 분말에 남아 있는 코코아 버터의 함량은 상대적으로 많을 수도 적을 수도 있지만 일반적으로 코코아 분말의 10~12% 정도가 되도록 많지 않게 만든다.

코코아분말은 용도에 따라 옅은 갈색에서 검정색에 가깝게까지 여러 가지 다양한 색상으로 만들 수 있는데 이러한 다양한 색상은 알칼리 처리 과정에서 만들어진다.

코코아매스와 코코아버터, 그리고 코코아분말의 세 가지 코코아 가공품은 동일한 물질에서 출발했다고 하지만 각기 특성과 용도가 다르며 서로 상대적인 요소를 많이 가지고 있기 때문에 필요에 따라 적절하게 선택해서 사용해야한다.

특히 코코아버터와 코코아분말은 서로 대칭적으로 사용되는 경우가 두드러진다. 예를 들어 고급스러운 리얼 초콜릿에는 코코아매스

---

**⋈ 생각해 보기 ⋈**

코코아버터와 코코아분말은 동시에 만들어지는 생산물이기 때문에 소비 시장의 경제적 상태나 가격 등에 서로 민감하게 반응한다.

예를 들어 경제가 어려워 비싼 리얼 초콜릿의 소비가 위축되고 비교적 저렴한 콤파운드초콜릿의 수요가 증가하면 코코아분말의 수요도 증가해 경우에 따라서는 코코아버터보다도 코코아분말의 가격이 비싸질 수도 있다. 반대로 초콜릿 규격을 엄격하게 해서 코코아버터 이외의 사용을 규제하는 경우에는 코코아분말의 사용은 제한되고 코코아버터의 수요가 증가하게 된다.

외에도 코코아버터를 사용하지만 낮은 품질의 콤파운드초콜릿에는 코코아버터를 소량 사용하거나 아예 사용하지 않고 코코아분말을 많이 사용한다.

코코아버터와 코코아분말 두 가지를 어떤 초콜릿 제품에 동시에 많이 사용하는 경우는 거의 없다고 볼 수 있다. 초콜릿을 만들 때 각각의 코코아 가공품을 얼마만큼 사용할 것인지는 초콜릿의 유형 및 조성에 따라 다르다. 왜냐하면 많은 경우의 초콜릿 유형에 각 가공품의 함유량 범위를 규정해놓고 있기 때문이다.

© Fpalli

# 04

## 초콜릿의 색깔

카카오 열매는
발효 및 건조,
로스팅,
가공 과정 등을
통해 다양한
특유의 색상이
형성된다.

초콜릿의 색깔은 진한 갈색일까 아니면 검은색일까? 우리가 흔히 말하는 블랙초콜릿은 실제로 짙은 갈색이나 검은색에 가깝고 화이트 초콜릿은 엷은 노란색에 가깝다고 할 수 있다. 때문에 어느 한 가지를 가리켜 초콜릿색이라고 단정 짓기는 어렵다. 대표적인 사례로 화이트초콜릿을 들 수 있는데 딸기 맛을 가진 화이트초콜릿은 엷은 노란 색이 아니라 딸기 색을 띠게 할 수도 있다. 어떤 사람은 화이트초콜릿은 초콜릿 특유의 색깔이 없으므로 초콜릿이 아니라고 하기도 한다.

카카오의 색깔이 처음부터 우리가 먹는 초콜릿 색깔인 것은 아니다. 카카오열매의 수확 후에 발효 및 건조 과정을 거쳐서 카카오 특유의 색이 만들어진다. 또한 카카오 빈을 볶는 과정에서도 색깔에 영향을 주는 성분에 변화가 생기는데 여기에는 멜라노이드melanoid 색소와 같이 갈색을 띠게 하는 성분이 들어 있다. 플라보노이드flavonoids 같은 파이토케미컬phytochemical도 색소로 기여한다. 카카오에 플라보노이드 성분이 많으면 초콜릿의 색깔은 더 어두워지게 된다. 이러한 색깔 성분들은 코코아버터에는 없고 코코아고형물에 존재하므로 코코아고형물이 없이 코코아버터만을 사용한 초콜릿은 검은 색을 띠지 않게 되어 명칭도 화이트초콜릿이라 불리운다.

초콜릿의 유형은 관례적으로 색상을 기준으로 하여 분류하기도 하는데 검은색이 없는 것을 화이트초콜릿, 블랙초콜릿보다는 연하고 화이트초콜릿보다는 검은 것을 세미다크초콜릿 또는 세미블랙초콜릿, 검은색이 진한 것을 다크초콜릿 또는 블랙초콜릿이라고 한다.

---

**✎ Tip. 파이토케미컬 ✎**

식물에 있는 성분 중 건강에 유익한 비영양 성분을 광범위하게 파이토케미컬이라고 한다. 카카오에 있는 파이토케미컬 중 가장 많이 있는 것이 폴리페놀 화합물로 발효 및 건조된 카카오의 약13.5% 정도이다.

이 중 대부분은 플라바놀류flavanols와 플라보놀류flavonols이다. 플라바놀류는 주로 카테킨catechin이고 그중에서도 단일 성분으로 가장 많은 것은 에피카테킨(-)epicatechin이다. 플라보놀류에는 퀘르세틴quercetin과 그 유도체 등이 있다.

이러한 명칭에 명확한 규정이 있는 것은 아니고 외관상 보이는 것으로 이름 한 것이다. 그럼에도 불구하고 이러한 색깔을 통해서 초콜릿의 구성과 특성을 나름대로 판단할 수 있는 이유는 코코아고형물이 갖는 특유의 색깔이 있기 때문이다. 일반적으로 코코아고형물 함량이 많을수록 검고 어두운 색을 띠게 된다.

특히 고형물 중 코코아분말은 알칼리 처리를 통해 색상을 다양하게 만들 수 있는데 이 알칼리 처리 기술은 19세기에 네덜란드에서 개발되어 네덜란드식 공정Dutching process이라고도 한다. 알칼리화가 많이 이루어져 수소이온농도pH가 클수록 검은색이 되는 경향이 있다. 따라서 코코아분말을 사용한 초콜릿 제품은 코코아분말의 종류와 함량에 의해 초콜릿의 색깔이 좌우된다. 검은 색인 블랙쿠키 등을 만들 때는 일반적으로 진한 검정색 코코아분말을 사용한다.

© Fpalli

# 05

# 카카오 빈의 껍질

카카오 빈의 껍질은
초콜릿에는
사용되지 않지만,
영양물질이 있어
다양한 활용이
가능하다.

카카오 빈의 껍질은 일반적으로 초콜릿을 만드는 데 사용하지 않는다. 그럼 쓸모가 없는 것일까?

카카오 빈은 크게 껍질 부분과 알맹이 부분으로 나눌 수 있는데 껍질 부분을 쉘cacao shell 또는 허스크cacao husk라 하고 속에 들어 있는 알맹이 부분을 닙cacao nib이라 한다. 이 가운데 최종적으로 초콜릿에 사용되는 부분은 카카오 닙 부분이다.

카카오 껍질은 일반적으로 사료나 비료 등으로 많이 사용된다. 외국에서는 차를 만들어서 마시기도 한다. 식용으로 사용할 때에는 안전성이나 식감 등을 위해서 특별히 주의해야 한다.

● 카카오 빈의 껍질 _pictorial ❸

카카오 껍질에도 소량의 코코아버터가 들어 있고 다양한 좋은 성분들이 들어 있기 때문에 특정 유효 성분을 추출하거나 분리하는데 사용할 수 있다. 예를 들어 껍질에서 카카오폴리페놀 성분을 추출할 수도 있다.

카카오 빈 껍질을 여러 번 물로 씻고 알칼리 처리를 한 다음 건조시켜 가루로 만들면 지방 함유량이 2~6% 정도인 카카오껍질 가루가 만들어진다. 이렇게 만들어진 분말은 테오브로민이나 카페인의 함유량이 감소하고 플라바놀과 식이섬유 함유량은 증가한다.

이 분말은 코코아 대체품이나 유지블룸 저해제로 사용하거나 다른 식품에 넣어서 사용할 수도 있다. 소량이나마 남아 있는 코코아버터를 얻기 위해 압착하는 경우도 있다.

식품공전에는 코코아 가공품류 또는 초콜릿류의 규정에 코코아매스, 코코아버터, 코코아분말 등만을 명시하고 있어 코코아껍질로 만든 분말의 경우는 코코아 가공품류 중 어느 것에 포함될 수 있을지 애매한 부분도 있다.

### ✗ 쉬어 가기 ✗

최근 카카오 빈 껍질의 흥미 있는 활용법으로 이산화탄소 발생을 저감시키면서 전력 생산에 활용한 경우가 있다.

2010년에 미국의 뉴햄프셔주에서는 카카오 빈 껍질을 석탄에 일부 섞어서 연료로 사용할 수 있도록 허용해 전력을 생산하는데 사용하고 있다. 또한 이를 위해 초콜릿 회사인 미국의 린트사와 카카오 빈의 껍질 공급 협력을 하기로 했다. 카카오 빈의 가공에 있어서 부산물로 나오는 껍질을 환경오염을 줄이는 바이오 연료로 사용하고 있는 것이다. 초콜릿 회사와 정부가 서로에게 유익한 활용을 하고 있는 좋은 사례이다.

© Fpalli

# 06 카카오 폴라바놀

폴라바놀은
카카오에 들어 있는
유익한 폴리페놀로서
건강을 증진시키는
다양한 기능이
있는 성분이다

폴리페놀은 기본적인 구조에 따라 적어도 10개 종류 이상으로 구분되는데 그중의 하나가 플라보노이드류이다.

플라보노이드류는 단일 그룹으로서는 카카오의 기능성에 있어 가장 중요한데 13개 종류, 5000개 이상의 화합물로 나뉜다. 플라보노이드류의 13개 종류는 다음과 같다.

❝ 칼콘chalcones / 디하이드로칼콘dihydrochalcones / 오론
aurones / 플라본flavones / 플라보놀flavonols / 디하이드로플라보
놀dihydroflavonols / 플라바논flavanones / 플라바놀flavanols / 플라반

디올flavandiol 또는 류코안토시아니딘leucoanthocyanidin / 안토시아니딘anthocyanidin / 이소플라보노이드isoflavonoids / 바이플라보노이드biflavonoids / 프로안토시아니딘proanthocyanidins 또는 농축 탄닌condensed tannins "

카카오 빈에 들어 있는 카카오폴리페놀은 떡잎cotyledon의 색소세포에 저장되어 있는데 폴리페놀 저장 세포로도 불린다. 안토시아닌의 양에 따라 색소세포는 흰색에서 진한 보라색까지 색상을 띤다. 카카오폴리페놀은 주로 플라반-3-올스flavan-3-ols 계통이고 플라반-3-올스가 아닌 것들로서는 퀘르세틴quercetin이나 클로로제닉산chlorogenic acid이 있다. 카카오에 들어 있는 플라보노이드인 플라바놀류에는 아래와 같이 크게 다섯 가지의 기본적인 물질이 있다.

" 카테킨catechin / 에피카테킨epicatechin / 에피갈로카테킨epigallocatechin / 에피카테킨갈레이트epicatechin gallate / 에피갈로카테킨갈레이트epigallocatechin gallate "

이들은 모노머monomer, 단위체이고 여러 개가 결합된 다이머dimer, 2합체와 폴리머Polymer, 중합체도 있는데 2개에서 5개가 결합된 것을 프로안토시아니딘proanthocyanidins이라고 한다. 모노머인 플라반-3-올

Flavonol    Flavone    Flavanone

Flavanol (Catechins)    Isoflavone    Anthocyanidine

● 플라보노이드의 여러 종류와 각각의 분자구조

스가 6개나 그 이상의 단위로 결합되어 있는 것을 탄닌tannin이라 한다.

플라반-3-올스는 항산화, 항암, 심장보호, 항균, 항바이러스, 신경 보호 등의 기능을 갖는다. 플라바놀은 내피성 산화질소 형성을 증가시키는데 이 물질은 혈관 확장을 촉진시켜서 결과적으로 혈액의 흐름을 증가시키고 혈압을 낮춘다. 식품에 사용되면 쓴맛, 신맛, 떫은맛 및 향기 등에 영향을 미친다.

폴리페놀의 유익함은 많이 알려져 있지만 카카오와 초콜릿에서의 함량이 서로 다르고 폴리페놀 화합물 중 일부만이 연구되어 있고 폴리페놀 자체의 작용 기작이나 생리활성도 아직 연구가 미흡하다. 인체에서의 건강효과에 대한 자료도 부족한 상태이므로 지속적으로 연구가 필요한 부분이다.

폴리페놀 함량을 측정하는 방법은 최근에야 보고되고 있는데 그 방법이 여러 가지이고 그에 따라 나오는 함량도 다르다. 즉, 초콜릿의 배합 및 폴리페놀 측정방법 및 측정 지표물질에 따라 함량이 다르게 나온다.

같은 다크초콜릿이라고 하더라도 각 제품에 따라 조성이 다양하고 사용된 카카오 원료도 동일하지가 않으므로 분석결과도 서로 다를 수밖에 없다. 각종 자료를 보면 일반적으로는 밀크초콜릿보다는 다크초콜릿에 폴리페놀 함량이 많고 다크초콜릿보다는 코코아분말에 폴리페놀이 많다.

---

**✕ 쉬어 가기 ✕**

파나마 북쪽 해안의 산 블라스San Blas 섬의 쿠나Kuna 인디언들의 건강을 조사한 연구가 행해졌다.

쿠나 인디언에게는 고혈압과 다른 심장질환의 증상이 아주 드물고 나이가 많아도 인지기능의 감퇴가 크지 않았다.

쿠나 인디언들은 하루에 3잔 또는 4잔 정도로 많은 양의 코코아를 마셨는데 코코아에 들어있는 플라바놀 성분의 하나인 에피카테킨이 순환 기능을 향상시키고 심장 건강에도 직접적으로 영향을 미친 것을 알 수 있었다. 또한 코코아가 뇌의 중심 영역에서의 혈액 흐름을 촉진한 것으로 보인다.

© Fpalli

# 07

# 카카오의 테오브로민

테오브로민은
카카오 특유의
알칼로이드
물질로서 다양한
기능이 있다

테오브로민theobromine 함유 건강기능식품을 들어본 적이 있는지?
초콜릿에 함유된 알칼로이드로 카페인과 테오브로민을 들 수 있는데
그중에서 주요 알칼로이드가 테오브로민이다. 초콜릿에는 카페인이
적어서 때로는 카페인이 들어 있다는 것이 무시되기도 한다.

테오브로민은 카카오의 특징적인 성분으로 산테오스xantheose 라
고도 알려져 있으며 그 외에도 Riddospas, Riddovydrin, Santheose,
Seominal, Theobrominum, Theoguardenal, Theominal 등의 명칭
으로도 알려져 있다. 카카오의 특징적인 알칼로이드 물질이기는 하지
만 카카오 외에도 차의 잎이나 콜라나무 열매cola(kola) nut, 과라나 등

60여종의 식물에도 들어 있다.

테오브로민이라는 말은 테오브로마에서 유래한 것으로 테오브로민의 어미인 -ine은 알칼로이드나 질소 함유 화합물에 주어지는 명칭이다. 테오브로민은 물에는 약간 녹고 결정형태이며 쓴맛의 분말로서 색상은 무색이거나 흰색인데 상업적으로 판매되는 것은 노란색을 띠기도 한다.

카카오 빈에는 천연적으로 대략 1~4%의 테오브로민이 들어 있다. 미국 허쉬사의 같은 경우 자사의 코코아분말에는 2%에서 10%까지의 테오브로민이 함유되어 있다고 말하고 있다.[1]

테오브로민은 카페인과 유사하지만 사람에게 해롭지 않고 더 부드럽게 작용하고 효과가 카페인보다 오래 간다. 카페인이 스트레스적인 작용을 한다면 테오브로민은 우울증을 억제하는 작용을 한다. 또한 근육을 이완시키는 효과가 있다. 의학적으로는 혈관확장제로 사용되며 이뇨제와 심장 자극제 등으로 사용된다. 또한 테오브로민은 소변의 생산을 증가시키고 혈관을 확장시켜 고혈압 치료에 사용되기도 하며 그 외에도 부종, 퇴행성 협심증 등의 치료에도 사용된다. 테오

---

[1] Theobromine content of Hershey's confectionery products, The Hershey Company, 2008년 4월 7일 검색.

브로민은 기침을 가져오는 신경활동을 억제하는 기능이 있다고도 하여 기침의 치료에도 사용된다.

신체 내에서 테오브로민 수준은 섭취 후 6~10시간이 지나면 반으로 줄어든다. 테오브로민에 민감한 사람에게는 식욕저하, 구토, 두통, 메스꺼움 같은 부작용이 생길 수도 있다고 한다. 필수섭취량 기준이 없기 때문에 결핍에 대한 사항도 없다.

주의할 것은 애완동물에게 초콜릿을 주는 것을 자제해야 한다는 점이다. 동물들은 사람보다 테오브로민의 대사가 훨씬 늦어서 테오브로민에 의한 중독현상이 발생하기 쉽다. 증상으로 소화계 장애나 탈수, 흥분, 심장박동 저하 등이 나타날 수 있고 섭취한 테오브로민의 양이 너무 많으면 치명적일 수 있다.

© Fpalli

# 08
## 테오브로민과 카페인

테오브로민은
카페인과 구조는
유사하지만
특성이나
효과 등은 크게 다르다.

많은 사람은 초콜릿에도 카페인이 들어 있다고 알고 있다. 초콜릿에 들어 있는 테오브로민을 카페인처럼 생각하기도 한다.

카페인과 테오브로민은 구조가 아주 흡사한 알칼로이드로서 혼동을 일으킬 수 있는 물질이다. 이 두 물질을 명확하게 구분해서 분석한 결과, 초콜릿에 카페인은 들어 있지 않다고 주장하는 사람도 있다. 그러면 초콜릿에는 테오브로민과 카페인이 얼마나 들어 있을까?

미국 식품과학 저널에 발표된 조사에 따르면 시중에 판매되는 222개 종류의 초콜릿 제품을 분석한 결과 평균적으로 테오브로민은 1.22%, 카페인은 0.21%가 들어 있었다고 한다. 제품 유형별로는 코코아에는 평균적으로 테오브로민 1.89%, 카페인 0.21%가 들어 있었다. 스위트초콜릿에는 평균적으로 테오브로민 0.46%, 카페인 0.07%가 들어 있었지만 밀크초콜릿은 그보다 적어서 평균적으로 테오브로민 0.15%, 카페인 0.02%가 들어 있었다. 초콜릿 음료인 핫초코에는 평균적으로 테오브로민이 약 0.05%, 카페인 0.003%가 들어 있었다.

하지만 제품 유형 안에서도 각 제품별로 테오브로민과 카페인 함량은 크게 달랐고 그 비율도 2.5:1부터 23.0:1까지 크게 달랐다.[2] 같은 카카오 빈이라 할지라도 로스팅 시간이나 콘칭 시간에 따라 카페인과 테오브로민의 함량이 변할 수 있다.

카페인은 강한 자극효과를 주지만 테오브로민은 부드러운 자극을 주며 카페인이 빨리 반응하고 빨리 소실되는 반면 테오브로민은 아주 느리게 반응하고 오랫동안 지속된다. 카페인은 경각심을 증가시키고 정서적 긴장감을 주지만 테오브로민은 웰빙감을 증가시키고 우울감을 개선시킨다. 카페인이 들쭉날쭉한 신경 자극을 준다면 테오브로민은 부드러운 감각적 자극을 준다고 볼 수 있다. 카페인과 테오브로민 모두 심혈관계를 자극한다. 또한 카페인은 호흡계를 자극하고 테

---

2) B. L. Zoumas, W. R. Kreiser and Roberta Martin, "Theobromine and Caffeine Content of Chocolate Products", *Journal of Food Science*, 1980, 45:314~316.

● 카페인과 테오브로민의 분자구조

오브로민은 근육계를 자극한다. 카페인은 중추신경계에 강한 영향을 주지만 테오브로민은 부드러운 효과를 준다. 카페인은 많은 사람이 알레르기를 갖지만 테오브로민은 거의 알레르기 반응을 나타내지 않는다. 카페인은 물리적인 탐닉성을 갖지만 테오브로민은 탐닉성이 없다. 카페인은 이뇨효과가 크지만 테오브로민은 그리 크지 않다. 이처럼 카페인과 테오브로민은 아주 유사한 구조를 가짐에도 불구하고 서로 크게 다른 특성들을 나타낸다.

초콜릿에는 테오브로민 외에도 심리적인 활성을 가지는 성분이 미량 있는데 페닐에틸아민phenylethylamine, PEA, 테오필린theophylline, 텔리메틸히스타민 페닐에틸아민tele-methylhistamine phenylethylamine 등이다. 이 물질들은 감정을 일시적으로 고조시켰다 낮추는 식으로 감정 변동에 영향을 주며 혈압과 혈당을 올려 경각심과 만족감을 가져온다.

© Fpalli

# 09

## 카카오 함량과 다크초콜릿

카카오 함량은
코코아매스,
코코아버터,
코코아분말 등
카카오의 모든 원료를
말하므로 같은
다크초콜릿에서도
코코아매스 함량은
다를 수 있다.

카카오 함량이 30%인 초콜릿이 여러 종류 있을 때 이 초콜릿들은 모두 같다고 할 수 있을까?

전체 카카오 함량이 같으면 서로 같은 초콜릿일 수도 있지만 서로 다른 초콜릿일 수도 있다. 왜냐하면 카카오 함량이란 것은 유지가 아닌 코코아고형물과 유지 성분인 코코아버터를 합한 카카오 성분의 총 함량을 말하기 때문이다. 코코아고형물이라는 것은 좀 더 정확히 표현하면 무지 코코아고형물nonfat cocoa solids로서 순수한 유지가 아닌 상태의 코코아 성분을 말한다.

예를 들어 카카오 함량이 85%라면 코코아고형물과 코코아버터를 합해 85%인 것인데 이 85% 중에서 코코아고형물과 코코아버터의 비율은 각각 다를 수 있다. 코코아고형물이 40%에 코코아버터가 45%일 수도 있고 코코아고형물 55%에 코코아버터 30%일 수도 있다. 이렇게 두 성분의 비율이 다르면 전체 카카오 성분의 함량이 같아도 맛과 색, 물성 등은 크게 달라진다. 그러므로 단순하게 카카오 함량이 얼마라고 표시된 제품보다 구체적으로 코코아고형물과 코코아버터의 함량이 각각 얼마인가가 표시되어 있는 제품이 카카오 함량 특성을 더 잘 나타내는 것이다.

카카오 빈에는 보통 55%의 코코아버터가 함유되어 있고 유지가 아닌 코코아고형물이 45% 함유되어 있는데 코코아고형물은 카카오 특유의 향미를 가지고 코코아버터는 이 향기를 전달하는 매개체로서의 기능을 갖는다고 볼 수 있다. 그러므로 전체 카카오 성분 중에서 코코아고형물의 비율이 코코아버터에 비해서 많으면 초콜릿 특유의 향이 강하고 점도도 높아진다. 건강에 좋은 플라바놀도 코코아버터보다는 코코아고형물에 주로 들어 있다.

코코아고형물 함량이 같더라도 사용된 카카오 빈의 품종이나 재배지, 카카오 빈의 발효 및 건조 상태, 그리고 가공 방법 등에 따라 맛과 품질이 다르다. 초콜릿을 만드는 공정 중에서도 원료들을 미세하게 만드는 공정이나 콘칭conching 공정 등에 따라서도 맛이 변한다.

카카오에 들어 있는 폴리페놀 성분 역시 공정에 따라 그 함량에 변

• 다양한 종류의 다크초콜릿 제품

화가 생긴다고 알려져 있다. 예를 들어 플라바놀 성분은 초콜릿의 생
산 과정 중에 산화와 알칼리화 과정 등에 의해 쉽게 파괴된다. 또한
플라바놀은 기능이 좋지만 맛은 쓰기 때문에 초콜릿 제품에서는 쓴맛
을 줄이기 위해 플라바놀 성분의 함량을 감소시키는 공정을 거치기도
한다.

　때문에 평범하게 생각하면 코코아고형물 함량이 많으면 플라바놀
도 많을 것 같지만 코코아고형물 함량을 나타내는 수치가 크다는 것
그 자체만으로 실제 플라바놀 함량을 정확하게 나타내지는 못한다.
최근에는 쓴맛에도 불구하고 플라바놀의 기능성 때문에 함량을 올리
는 경향이 강해지고 있다.

　카카오의 총 함량이 같은 초콜릿이라 할지라도 코코아고형물과
코코아버터의 함량 구성이 달라지는 것 외밖에도 카카오 성분 원료

들과 혼합되는 설탕 같은 당류나 밀크류, 향료 등의 종류 및 혼합 비율에 따라 맛이 달라진다. 따라서 같은 총 카카오 함량을 가진 다크 초콜릿 제품이라 할지라도 서로 다른 맛을 나타내게 된다. 어떻게 보면 세상에 아주 똑같은 맛의 초콜릿은 하나도 없다고 할 수 있지 않을까?

© Fpalli

# 10

## 초콜릿 용어의 기원

초콜릿 용어가
고대 아스텍에서
유래되었다는 것이
일반적이지만
다른 기원에 대한
이야기도
많이 있다.

초콜릿의 주원료는 카카오인데 어떻게 초콜릿이라는 이름이 만들어졌을까?

초콜릿chocolate이라는 용어의 유래에 대해서는 여러 가지 의견이 있다. 가장 많이 인용되는 것은 이 용어가 멕시코 고대 아스텍 언어인 나와틀Nahuatl어의 'xocolatl'에서 나왔다는 것이다. 자료들에 의하면 나와틀어인 'xocolatl'은 시거나 쓴 것을 의미하는 'xococ'라는 단어와 물 또는 드링크를 의미하는 'atl'의 합성어이다.

중앙아메리카의 마야인들이 카카오 빈과 물을 혼합하여 만들어 마셨던 쓴 음료에 대한의 기록이 카카오 빈을 먹는 것으로 사용한 기록의 시작이다. 그들은 이 음료가 원기를 회복시키고 최음제의 효능이 있는 귀한 음료라고 생각했다.

최초로 카카오 나무를 재배한 곳은 아스텍이 아니라 멕시코 만의 올멕Olmecs 지역으로 추정된다. 그러나 미국의 언어학자인 윌리엄 브라이트William Bright에 의하면 'xoxolatl'에서 유래한 것으로 보이는 'chocolatl'이라는 말은 중앙 멕시코의 식민지역에서는 사용되지 않기 때문에 특별한 단어로 보기도 한다.

또 다른 언어학자인 산타마리아Santamaria는 용어의 유래를 뜨겁다는 의미의 유카텍 마야Maya어인 'chokol'과 물을 의미하는 나와틀어의 'atl'의 합성어에서 찾았다.

최근에는 다킨Dakin과 위치맨Wichman이 또 다른 나와틀어인 'chicolat'에서 유래를 찾았는데 이 말은 동부 나와틀에서 'beaten drink'를 의미한다고 했는데 이 용어는 거품을 내는 막대기인 'chicoli'에서 유래한다고 했다.

그러고 보면 초콜릿 용어의 정확한 유래는 아직까지도 확실하지가 않다고 할 수 있다. 지금 사용하고 있는 초콜릿chocolate이란 말은 영어로는 1604년에 처음 기록되었는데 초콜릿을 음료로 마셨다는 기록은 1647년에 가서야 비로소 발견된다. 1900년 1월 1일에 영국의 빅토리아 여왕이 보어전쟁Boer War에 가 있는 군대에 초콜릿 10만 박스를 선물로 보냈다는 기록도 있다.

카카오란 말은 마야어 또는 아스텍어에서 유래한 것으로 볼 수 있는데 멕시코를 정복했던 코르테스Hernan Cortes는 카카오 나무를 Cacap라고 보고했지만 이 Cacap가 변화해서 결국 Cacao, 지금 사용되고 있는 Cacao가 되었다고도 한다.

## ≫ 우리말의 초콜릿 ≪

우리나라에서 사용되는 초콜릿 관련 용어에는 여러 가지가 사용되고 있는데 초코릿, 초콜렛, 초코렛, 쵸코렛, 쵸콜렛, 초컬릿, 쪼콜릿, 쪼컬릿 등이다.

우리나라 법규인 식품공전에서 '초콜릿'으로 용어를 규정하고 있으므로 초콜릿이라 사용하는 것이 정확하다.

# 초콜릿은 어떻게 만드나요?

non A. Eugster

# 11
## 초콜릿과 올리고당

기능이 좋은
올리고당을
초콜릿에
사용할 수 있으며
분말 형태로
사용하는 것이
일반적이다.

**초**콜릿의 단맛하면 하얀 설탕이 먼저 생각나지 않을까?

초콜릿에는 설탕 외에도 올리고당oligosaccharides같은 다양한 종류의 당류가 사용된다. 올리고당은 독특한 단맛과 충치를 발생시키지 않는 특성, 인체 내 비피더스균에 선택적으로 이용되는 특징 때문에 기능성 식품 소재로서 주목받고 있는 당류이다. 그 중 키토올리고당 chitooligosaccharide의 일부는 면역 활성 촉진기능이 있어 새로운 형태의 기능성 올리고당으로 주목받고 있기도 하다. 이렇게 좋은 기능을 가진 올리고당을 초콜릿에 사용해서 그러한 좋은 기능을 더해 준다면 좋지 않을까?

우리나라의 식품공전에서는 올리고당류를 여섯 가지 유형으로 분류하고 있는데 프락토올리고당fructooligosaccharide, 이소말토올리고당isomaltooligosaccharide, 갈락토올리고당galactooligosaccharide, 말토올리고당maltooligosaccharide, 자일로올리고당xylooligosaccharide, 혼합올리고당 등이 있다.

이소말토올리고당이나 프락토올리고당 등은 최근에는 프로틴바나 시리얼바 또는 영양을 강화한 초콜릿 시럽 등에 사용되고 있다. 충치 발생을 걱정하거나 무설탕을 원하는 경우에는 당 알코올류의 소재를 사용하여 만든 초콜릿도 좋다.

다당류는 보통 수소이온농도 2~4와 온도 120℃에서 가수분해 되지만 올리고당은 수소이온농도 6과 온도 140℃에서도 상대적으로 안정성을 보인다. 결과적으로 올리고당을 초콜릿에 사용하려면 분말 형태로 사용하는 것이 좋다.

초콜릿은 유지를 바탕으로 한 제품이므로 올리고당을 사용할 경우 사용량 등은 만들 초콜릿의 특성이나 물성 등에 따라 정하면 된다. 참고로 분말 올리고당 제품의 수분 함량은 10.0% 이하이다. 템퍼링을 거친 초콜릿에 소량의 올리고당을 넣으면 초콜릿이 응집되는 현상이 생기지만 특유의 물성을 가진 초콜릿을 가공할 수도 있다.

mon A. Eugster

# 12

## 초콜릿과 생크림

생크림은
수분이 많아
특유의 식감을
나타내지만,
사용할 때는
유지가 중심인
초콜릿과
조화를 이루도록
기술상의
주의가 필요하다.

부드러운 생크림 케이크는 많은 사람이 좋아한다. 초콜릿에도 부드러운 생크림 초콜릿이 있을까?

초콜릿 제조에서 생크림은 주로 초콜릿을 부드럽게 만들기 위해서 사용한다. 예를 들어 초콜릿에 생크림을 넣으면 부드러운 촉감의 가나슈ganache가 만들어지는데 생크림의 비율이 높을수록 촉감이 가볍고 부드러워진다. 이 외에도 초콜릿에 공기를 주입하는 휘핑whipping을 위해서 생크림을 사용하기도 한다.

생크림은 밀크 성분과 함께 다량의 수분을 함유하고 있어서 초콜릿에 들어가면 상큼한 맛과 특유의 식감을 나타내게 된다. 그렇지만 유지를 기초로 하는 초콜릿에 수분이 많은 생크림 원료를 넣는 만큼 기술상의 주의가 필요하다. 그렇지 아니하면 수분과 유지가 분리되어 제품을 만드는 것도 어렵고 식감도 나빠진다.

보통 생초콜릿은 생크림을 함유한 초콜릿을 말하지만 우리나라에는 이에 대한 명확한 규정이 없다. 생크림을 함유하지 않았더라도 생크림을 넣지 않고 부드러운 물성을 나타내는 특별한 유지를 사용해 일반 초콜릿보다 촉감이 부드러운 초콜릿을 말하기도 한다. 일본의 경우에는 업계 자체적으로 만든 아래와 같은 규정이 있다.

" 초콜릿 생지生地에 생크림을 함유한 함수舍水 가식물可食物을 이겨서 집어넣은 것으로 초콜릿 생지가 전체중량의 60% 이상이며 생크림이 전체중량의 10% 이상의 것으로 수분이 전체 중량의 10% 이상인 것. 또한 여기에 적합한 생초콜릿에 코코아분말, 설탕, 말차末茶 등의 분말 가식물을 입힌 것, 또는 초콜릿 생지로 껍질을 만들어 내부에 상기의 적합한 생초콜릿을 넣은 것으로 해당 초콜릿이 전체중량의 60% 이상이며 초콜릿 생지의 중량이 전중량의 40%이상인 것. "

여기서 초콜릿 생지라는 것은 초콜릿에서 카카오 성분이 전체 중량의 35% 이상(코코아버터가 전체 중량의 18% 이상)인 것으로 수분이

● 생초콜릿 제품 _pictorial ❹

전체 중량의 3% 이하인 것이어야 한다. 다만 카카오 성분이 전체 중량의 21% 이상(코코아버터가 전체 중량의 18% 이상)이며 카카오 성분과 유고형분의 합계가 전체 중량의 35%를 밑돌지 않는 범위 내(유지방이 전체 중량의 3% 이상)에서 카카오 성분을 대신하여 유고형분을 사용할 수 있다.

생초콜릿을 만들 때 시트를 만든 다음 네모난 형태로 잘라서 표면에 코코아분말을 입히는 경우가 많다. 벽돌처럼 네모난 형태 때문에 파베초콜릿pave chocolate이라 부르는 경우도 있다. 파베는 프랑스어로 포장용 석재paving stone를 뜻한다.

생크림이 들어간 초콜릿은 수분함량이 많고 수분활성도도 높기 때문에 소량이나 개인 소비용으로 만드는 것은 기술만 있으면 가능하지만 대량 생산하여 유통 및 판매를 하려면 전용라인 설비, 멸균관리 등을 위한 공장 내 별도 공간의 설치 및 다른 제조 설비와의 분리가 필요하다. 설비의 세정을 위해 성형기를 간단하게 분해해서 자주 씻을 수 있어야 하며 포장기도 다른 초콜릿보다 밀폐도가 높은 기기를 설치해야 한다.

---

### ✄ 알고 가기 ✄

생크림을 사용한 초콜릿은 얼마나 오랫동안 두고 먹을 수 있을까? 수제품 형태의 생초콜릿은 생크림이 주는 신선한 맛이 2주간 정도는 좋은 맛을 낼 수 있다. 대량생산의 경우 물류 등을 감안하여 최저 4개월 정도는 좋은 맛이 유지 되어야 생산에 적합하다고 볼 수 있다. 물론 법적으로 기간이 정해진 것은 아니다.

# 13

초콜릿과 물

Simon A. Eugster

초콜릿에
물이 들어가면
물성이 크게
변하는데
물이 증가하면서
유지와 물의
균형 상태가
변화될 수도 있다.

물과 기름은 섞이지 않는다. 그렇다면 유지를 기초로 한 초콜릿에는 물이 들어가면 절대 안 되는 것일까?

초콜릿을 녹인 상태에서 그 위에 물방울을 떨어뜨리면 물이 떨어진 부분의 색깔이나 물성이 변하는 것을 볼 수 있다. 초콜릿이 굳어 있을 때에 설탕은 유지 안에서 안정된 상태로 균일하게 존재하지만 초콜릿이 녹으면 안정성이 떨어지고 친하지 않은 유지에서 분리되어 자기 길을 가려고 하는 경향이 있다. 그러다가 초콜릿에 물이 들어가면 초콜릿 안에 있는 설탕은 물과 아주 친해서 물을 쉽게 흡수해 녹을 수 있다.

초콜릿 안에서 유지에 둘려 쌓여 있는 설탕은 물을 반갑게 맞이해서 물에 싸여지고 다른 설탕들과 달라붙는다. 그렇게 되면 설탕이 덩어리를 만들어 재결정화 되면서 입에서 거친 느낌을 나타내는 식감이 나타날 수 있다.

초콜릿에는 보통 원료에 들어 있는 수분 등에 의해 1.5%도 안 되는 소량의 수분만이 존재한다. 여기에 물이 추가로 들어가서 수분이 3~4%가 되면 걸쭉해지고 굳어지는 현상이 생겨 흐름성이 떨어질 수 있다. 아울러 초콜릿 안에 있는 유지와 수분이 유화되지 않으면 수분에 의해 유지의 연속상이 깨져서 초콜릿의 물성이 변질되어 작업성에 문제가 생긴다. 이렇게 물이 들어가면 템퍼링은 이루어지지 않게 된다.

그러면 물이 들어간 초콜릿은 사용할 수 없는 것일까? 초콜릿을 물에 넣어서 중탕하면서 녹이다가 실수로 미량의 물이 초콜릿에 들어간 것 같은 경우에는 유지를 조금 더 넣어서 생긴 문제를 희석시킬 수 있다. 그렇다고 완전히 해결되는 것은 아니지만.

물을 아예 더 넣는 방법도 있는데 이런 경우에는 몰드에 주입하거나 다른 물체를 덮는 용도가 아니라 초콜릿 소스나 핫초코 등의 음료용 또는 가나슈나 베이킹 등 다른 용도로 초콜릿을 사용하여야 한다.

물이 조금 들어간 초콜릿은 왜 덩어리처럼 뭉치거나 걸쭉하게 되는데 오히려 물을 더 많이 넣으면 풀어지는 것일까? 많아진 물이 설탕 덩어리 대부분을 아예 녹여 버려서 부드러운 물성을 만들어주기 때문이다. 물이 적을 때에는 유지가 연속상을 가지고 그 안에 소량의 수분이 분산되어 있는 형태인데 물이 많아지면 반대가 되어서 물이 연속상이 되고 그 안에 유지가 분산되어 있는 형태로 바뀌는 것이다. 이렇게 물과 유지의 연속상이 역전되는데 필요한 물의 양은 보통 초콜릿 전체의 20% 정도라고 한다. 이 양에는 원료 자체에 들어 있는 수분의 양도 포함된다.

초콜릿의 유형에 따라 유지 함량이나 성분도 다르므로 혼입되는 물과의 반응 형태도 서로 다르다. 수분이 많은 생크림이나 우유를 초콜릿에 사용할 때 수분에 의해 유사한 문제를 일으킬 수 있다. 따라서 우유나 생크림을 사용할 경우 사용량과 사용방법에 주의해야 한다. 소량으로 해서 유화제로 사전에 유화를 시켜 초콜릿에 넣든지 초콜릿과 혼합할 경우에도 온도를 잘 맞추고 혼합 속도를 빠르게 하지 않는게 필요하다.

주의할 점은 우유나 생크림 같은 액체 상태의 물질과 초콜릿을 혼합할 때 액체 상태 물질이 차가운 상태여서는 안된다. 차가운 물질이 들어가게 되면 초콜릿이 급격히 응집되어서 작업성이 어렵기 때문이다. 따라서 초콜릿에 넣기 전에 온도를 올려서 따뜻하게 하되 너무 뜨겁지 않도록 해서 가능하면 초콜릿과 같은 온도가 되도록 한 다음 사용하는 것이 바람직하다.

1. 밀크초콜릿에 물이 소량 혼입된 모양.
   물이 혼입된 곳에서 설탕 등이 녹는다.
   흔들어주거나 섞어주지 않으면 다른 곳
   으로 번지지는 않는다. 밀크초콜릿의
   색상에도 변화가 생긴다.

2. 밀크초콜릿에 수분 2%를 추가적으로
   넣고 혼합한 모양. 유지가 기초로 되어
   있는 밀크초콜릿이 뭉치고 굳는 현상이
   난다. 혼합하지 않으면 혼입된 부분에
   한정되지만 섞이면 전체에 영향을 주게
   된다.

3. 밀크초콜릿에 많은 양의 수분인 15%를
   첨가하고 혼합한 모양. 물과 기름의 상
   전이가 보이기도 하고 굳어지고 뭉친 상
   태가 남아있기도 하다.

4. 밀크초콜릿에 수분 20%를 첨가하고 혼
   합한 모양. 완전하게 상전이가 이루어
   진 상태가 된다. 초콜릿 시럽과 같은 성
   상을 나타내고 있다.

mon A. Eugster

# 14

## 초콜릿과 실온 냉각

냉각되면
초콜릿이 굳는 것은
유지의 특성으로
사용된 유지에 따라
실온에서도
굳는 상태가
다를 수 있다.

혹시 녹은 초콜릿이 있어도 냉장고에 넣어서 굳힌 다음 먹을 수 있다. 초콜릿을 굳힌다는 것은 초콜릿 안에 있는 액체 상태의 유지를 고체 상태로 변화시켜 주는 것이다. 따라서 온도를 낮게 해 주어서 유지를 결정 상태로 만들어 주는 과정이 필요한데 이러한 과정을 냉각이라 한다.

초콜릿에 사용되는 유지는 카카오 나무에서 얻는 코코아버터가 가장 기본적이지만 원료의 생산이 제한적이어서 비싸고 특성이 까다로워서 다른 여러 가지의 식물성 유지를 사용하기도 한다. 그러므로 어떤 종류의 유지를 사용하느냐에 따라 냉각시키는 온도가 다를 수밖에 없다.

유지의 종류 및 결정형태에 따라서 융점이 다르기 때문에 실온에서 냉각이 된다 되지 않는다 일괄적으로 말하기는 어렵다. 코코아버터만 보더라도 그 안에는 하나의 결정형태가 아닌 여러 가지 의 결정형태가 존재하는데 이러한 특성을 다형성polymorphism이라고 한다. 예를 들어 코코아버터에서 융점이 낮은 결정형태는 융점이 16~18℃인 반면에 융점이 높은 결정형태는 융점이 34~36℃이기도 한다. 따라서 25℃에 초콜릿을 놓았을 때에 초콜릿 안에 있는 코코아버터 중에는 녹아서 액체 상태로 존재하는 결정도 있고 아직 녹지 않고 결정형태를 유지하고 있는 것도 있어 함께 공존하고 있는 것이다.

융점이 가장 낮은, 가장 불안정한 형태의 결정이 16~18℃의 융점범위를 가지므로 템퍼링을 시킨 초콜릿을 냉각할 때 16℃ 이하로 냉각하면 모든 결정형태가 고체가 되어 더 안정적인 결정형태로 전이되게 된다.

---

**❧ 실온과 상온 ❧**

실온이나 상온과 같은 표현은 정확한 온도를 가리키는 것은 아니지만, 대한약전에서는 표준온도는 20℃, 상온은 15~25℃, 실온은 1~30℃, 미온은 30~40℃이다. 냉소는 따로 규정이 없는 한 15℃ 이하의 곳을 말한다. 식품공전에서는 실온은 1~35℃, 상온은 15~25℃로 하고 있다.

초콜릿을 만들 때 유지의 종류에 따라 냉각시간이 다른데 코코아버터의 경우 일반적으로 냉각시간이 길다. 냉각을 마치고 나오는 초콜릿 제품의 온도는 최저 13℃ 이상은 되어야 안전하다. 초콜릿을 냉각할 때 너무 급하게 냉각하면 결과가 좋지 않다. 냉각 시 수분이 많으면 상대습도가 높아서 초콜릿의 표면에 이슬이 맺힐 수도 있고 끈적거림이 발생할 수도 있다. 냉각 때의 상대습도는 60% 이하이어야 한다.

© Simon A. Eugster

# 15
## 초콜릿 녹이기

초콜릿을 녹일 때
스팀보다는
열수가 안전하고
품질 면에서 나은데
녹이는
시간과 온도는
초콜릿의 성분에
따라 달라진다.

초콜릿을 먹는 것은 입안에서 초콜릿을 녹이는 것으로 시작된다. 초콜릿이 녹으면서 입안에서 특유의 맛과 향기가 나타난다.

개인이 소량으로 초콜릿을 녹여 사용하고자 할 경우에는 전자레인지나 따뜻한 물을 사용하여 녹일 수 있다. 전자레인지에서 녹이는 방법은 간편하고 빠르고 쉽지만 과열될 위험성이 크기 때문에 주의해야 한다. 녹이는 시간을 정확하게 정하는 것은 쉽지 않은데 사용하는 전자레인지의 전압, 녹이려는 초콜릿의 양, 초콜릿 안의 유지의 종류와 함량 등에 따라서 다를 수 있다. 초콜릿의 양이 많을수록 녹이는 시간도 증가하기 마련인데 실제 시간은 체험으로 알 수 있다.

주의할 점은 전자레인지의 가열 강도를 가장 약하게 하고 시간은 짧게 반복해주는 것이다. 예를 들어 소량의 초콜릿을 1분 동안 녹이려고 할 경우 10초나 15초 간격으로 녹여주면서 중간 중간에 잘 섞어주면서 녹인다. 마지막 남은 부분을 녹일 때에는 과열로 초콜릿이 변질되는 것을 방지하기 위해 완전히 녹이지 않고 일부 녹지 않고 남아 있는 것은 저어서 녹이도록 한다.

또한 작업에 어떤 용기를 사용하느냐가 아주 중요하다. 무엇보다 안전해야 하며 녹이는 작업 후에 용기의 온도가 너무 높아져서는 안 된다. 온도가 너무 높아지면 사람에게도 위험하지만 초콜릿도 변질이 될 수 있기 때문이다. 만일 초콜릿이 과열되었을 때는 신속하게 차가운 용기에 옮기고 잘게 부순 초콜릿 조각을 추가로 넣어서 잘 저어준다. 알루미늄 호일이나 비닐로 초콜릿을 싸서 녹이는 것은 위험할 수 있고 바람직하지 않다.

균일하게 녹게 하기 위해서 초콜릿을 같은 크기의 조각으로 일정하게 잘라서 녹여 주면 효율적이다. 큰 덩어리나 블록 상태에서 녹이는 것은 시간도 많이 걸리고 바깥 부분과 안쪽의 온도가 달라서 잘못하면 바깥 부분을 태우는 실수를 할 수도 있다.

물을 사용하여 녹일 때에는 따뜻한 수조에 초콜릿을 담은 용기를 담가서 녹여준다. 초콜릿을 녹이는 온도는 초콜릿의 종류나 성분에 따라 다른데 이는 사용된 원료가 다르므로 녹이는 온도도 달라지는

• 물중탕에 의한 초콜릿 용해 _pictorial ❺

것이다. 화이트 초콜릿은 다크초콜릿보다 밀크 성분에 들어 있는 유
지방이 상대적으로 많아 녹이는 온도도 낮다. 밀크초콜릿이나 화이
트초콜릿은 유고형분이 많아 다크초콜릿보다 온도에 따른 단백질 변
성에 취약하고 원료들이 타기 쉬우므로 주의해야 한다. 일반적으로
다크초콜릿은 55~58℃ 정도에서 녹이고 밀크초콜릿은 45~50℃에
서, 화이트 초콜릿은 45~50℃에서 녹인다.

초콜릿을 일정한 온도에서 잘 저어주면서 녹일 때 물이 초콜릿에
들어가지 않도록 주의해야 한다. 또 용기가 열에 직접적으로 닿는 것

을 피하도록 약한 열에 간접적으로 녹이도록 해야 한다. 초콜릿을 용기에 넣었더라도 고온에 접촉하면 탈 수가 있다. 초콜릿을 다량으로 녹일 경우는 몇 부분으로 분할해서 일부를 먼저 녹인 다음에 차례로 남아 있는 것들을 넣어주면서 녹이면 효율적으로 녹일 수 있다.

초콜릿을 대량으로 생산하는 공장에서는 보통 탱크나 용해조에 넣어서 굳어져 있는 초콜릿 덩어리를 녹인다. 초콜릿이 완전히 녹아 있는 상태는 60℃ 정도인데 완전히 녹인 다음에는 45~50℃에서 보관한다. 녹일 때에 사용하는 열은 스팀이나 열수를 사용하는데 스팀보다는 열수가 안전하고 품질 면에서 낫다.

# 16

## 초콜릿과 몰드

초콜릿을
몰드에 부어서
만들 때
몰드의 온도는
초콜릿의 온도와
같은 게 좋다.

特이한 형태나 표면에 광택이 훌륭한 초콜릿 제품에 매력을 느껴

본 적이 있는지? 초콜릿의 다양한 형태나 광택은 어떻게 만드는 것

일까?

녹은 상태의 초콜릿을 틀에 넣어 굳혀 틀 모양의 초콜릿을 만들 수

있는데 이 틀을 몰드mould라고 한다. 카카오를 음료처럼 만들어서 마

실 때에는 몰드라는 것이 필요 없었다. 사람들이 카카오를 먹을 때부

터 초콜릿 몰드가 있었던 것이 아니라 고체로 형태화시켜서 먹기 시

작하며 그것도 입에 넣어 먹을 수 있는 작은 형태로 만들기 위해서 몰

드가 필요하게 된 것이라 볼 수 있다.

18세기에는 철제 금속에 주석 도금을 해서 녹을 방지한 몰드가 사용되었고 1830년경에는 주석 도금한 금속 몰드를 프레스로 성형해서 사용했다. 1800년대 말에는 주석이나 은을 입힌 구리 몰드가 절정을 이루었는데 평평한 것도 있었지만 3차원적인 것도 있었다. 그 후에 니켈을 입힌 금속 몰드도 나오고 20세기 후반에는 스테인리스 스틸로 만든 몰드도 나왔지만 가볍고 비용이 적게 드는 플라스틱 몰드가 나오면서 금속 몰드는 자취를 감추었다.

초콜릿 몰드로서 사용되는 것 가운데 식품용 실리콘이나 금속은 열 저항성이 크고 플라스틱 몰드는 가격이 저렴한 편이다. 현재는 가벼운 플라스틱 몰드가 많이 사용되는데 대량 생산 등에는 폴리카보네이트polycarbonate, PC로 만든 몰드가 많이 사용되고 있다.

초콜릿을 몰드에 넣어 만들려면 우선 굳은 초콜릿을 완전히 녹여야 한다. 유지 함량이 적은 초콜릿은 베이킹 등에는 적합하지만 몰드에 넣어 만들 경우에는 유지의 함량이 적절하게 들어 있어 유동성이 있어야 한다.

잘 녹인 초콜릿은 템퍼링 작업을 통해야 한다. 템퍼링이 잘되어야만 초콜릿의 유지가 안정적인 결정 상태를 만들어서 작업성도 좋아지고 몰드에 넣어 냉각시킨 후 몰드에서 빼 낼 때에도 잘 빠지고 제품의 광택과 조직감도 좋아진다.

초콜릿의 템퍼링은 단순한 냉각과 달라서 초콜릿에 들어 있는 유지의 종류와 특성에 따라서 온도를 설정해 주어야 한다. 템퍼링이 필요 없는 유지를 사용한 초콜릿은 상관이 없겠지만 그런 경우에도 작업을 위한 온도의 조정은 필요하다.

초콜릿의 템퍼링tempering 공정에 대해서 좀 더 자세히 살펴보면 템퍼링 공정은 모든 결정이 완전히 녹아 있는 상태에서 시작되어야 한다. 이런 상태의 초콜릿을 가지고 템퍼링을 할 때 냉각 과정, 그리고 약간 온도를 올려주는 재가열 과정을 거친다. 냉각은 가장 안정적인 결정형태를 만들어 주는 과정이고 재가열은 불안정한 결정을 녹여서 없애주는 과정이다. 템퍼링에 필요한 온도는 일반적으로 다크초콜릿은 28~29℃ 정도이고 밀크초콜릿은 27~28℃, 화이트초콜릿은 26~27℃ 정도이다.

정확한 온도는 템퍼링 상태를 보면서 조정해야 하는데 기계적으로는 템퍼링 상태를 측정하는 템퍼미터temper meter를 가지고 측정할 수 있고 그 정도를 템퍼도temper index로 표시한다. 템퍼도 수치가 4~6 정도가 되면 템퍼링이 잘 된 것으로 판단한다. 그렇지만 템퍼미터와 같은 장비를 가지고 있는 개인은 거의 없을 것이므로 대신해서 온도계로 온도를 측정해가면서 템퍼링을 하면 냉각온도를 정확하게 조절할수 있다.

초콜릿의 온도가 너무 높으면 템퍼링이 좋지 않게 되는데 냉각을 충분히 한 다음에 몰드에서 빼 낸 초콜릿이 손에 쉽게 녹는다거나 몰드에서 수축이 잘 안 되어서 빼내기가 어렵다든지 광택이 나쁜 것 등은 템퍼링 상태가 좋지 않은 것이다. 온도가 너무 낮으면 초콜릿에 결정이 많이 생기기 때문에 몰드에 넣을 때에 흐름성이 적거나 없을 수 있고 따라서 곱게 펼 수도 없을 것이다. 그러므로 적정한 템퍼링 상태는 초콜릿의 배합이나 유지의 종류 및 상태에 따라 다른데 작업자의 전문성과 경험이 필요하다.

템퍼링을 시킨 초콜릿은 몰드에 주입하는데 이때 몰드의 온도는 초콜릿의 온도와 같게 해 주는 게 좋다. 초콜릿을 몰드에 주입한 다음에는 몰드를 충분히 흔들어 주어서 초콜릿 안에 있는 기포를 제거해 주도록 한다. 이때 몰드 밖으로 초콜릿이 나가지 않도록 주의해야 한다. 충분히 흔들어서 기포를 제거한 다음에는 바닥 부분을 스크래퍼 등으로 긁어주어 외관을 깔끔하게 마무리한 다음 습도가 적은 냉장실에서 냉각시키고 충분한 냉각이 끝나면 몰드에서 빼내면 된다.

초콜릿이 몰드에서 잘 빠지지 않을 경우에는 템퍼링이 안 되어서 그럴 수 있고 냉각 온도가 너무 높아 냉각상태가 나쁜 것일 수도 있다. 반대로 너무 냉각되어버린 초콜릿을 몰드에 넣어도 수축이 부족해서일 수도 있다.

몰드로 초콜릿을 만들었을 때 잘못된 것이 있다면 그 원인은 무엇인지 알아야 한다. 초콜릿에 광택이 없다면 가장 큰 원인으로는 템퍼링이 잘 이루어지지 않았다고 볼 수 있다. 그 밖에도 몰드가 잘 닦이지 않아 얼룩 등이 있다든지 냉장고에 너무 오랫동안 넣어놓았을 수도 있다. 몰드의 온도나 주입되는 초콜릿의 온도, 그리고 작업실의 온도가 너무 낮은 경우에도 문제가 생길 수 있다. 표면에 하얀 반점 등이 생긴다면 몰드에 있는 수분이 충분히 제거되어있는지 확인해 보아야 한다.

몰드에 초콜릿을 주입하기 전에는 완전히 건조시켜 주어야 한다. 몰드에 넣은 초콜릿을 너무 오랫동안 냉장고에 넣어 두면 초콜릿이 너무 급격하게 수축하여서 금이 갈 수 있다.

Simon A. Eugster

# 17

초콜릿의 보관

## 초콜릿의 보관

초콜릿을
보관하는데
이상적인 조건은
12~15℃정도의
온도와
55~65%의
습도가 있는
장소이다.

초콜릿을 냉장고에 오랫동안 넣어두었다가 다시 먹을 때 이상한
맛을 느껴본 적이 있는지?

초콜릿은 온도와 습도 그리고 냄새 등에 아주 민감한 식품으로 보
관에 세심한 주의가 필요하다. 초콜릿의 표면에 하얗게 꽃이 핀 것같
이 보이는 무늬가 생기는 현상을 초콜릿 블룸bloom이라 하는데 유지
에 의한 유지블룸fat bloom과 설탕에 의한 슈가블룸sugar bloom이 있다.

유지블룸은 온도가 너무 높아 초콜릿 안의 유지가 녹았다 굳는 과
정을 거치면서 일어날 수 있다. 슈가블룸은 초콜릿에서 일반적으로
발생하지는 않고 초콜릿이 수분이 많은 곳에 노출되어 수분을 흡착한

경우에 발생한다. 냉장고에 보관했던 초콜릿을 꺼내어 실온에 놓으면 초콜릿 표면에서 응축현상이 발생하게 되고 이 응축된 수분을 초콜릿의 설탕이 흡수해 설탕이 녹을 수 있다. 그 후 설탕에 흡수된 수분이 공기 중으로 날아가면 남아 있는 설탕이 재결정화되어 광택이 없고 하얀 얼룩으로 나타나는데 이것이 슈가블룸이다.

따라서 냉장고나 냉동실에 초콜릿을 보관하는 것은 바람직하지 않다. 직사광선을 피해 서늘한 곳에 보관하는 것이 바람직하다. 고온다습한 보관 조건에서는 초콜릿에서 곰팡이가 생기거나 곰팡이 냄새가 날 수도 있고 산패가 일어날 수도 있다.

슈가블룸과 유지블룸을 구별하는 간단한 방법 중 하나는 블룸이 생긴 초콜릿을 손바닥에 올려놓고 문질러 보는 것이다. 부드러운 느낌이 나면 유지블룸이고 거칠고 모래 느낌이 나면 슈가블룸이다. 또 다른 방법으로는 블룸이 있는 곳을 손가락으로 눌러서 체온으로 녹거나 입김을 불어서 녹으면 유지 블룸, 녹지 않으면 슈가블룸이라고 볼 수 있다.

초콜릿의 포장은 제품이 아름답게 보이도록 하는 기능도 있지만 내용물을 보호하는 역할도 가지고 있다. 초콜릿은 빛이나 공기에 의해서 변화가 생길 수 있어 포장이 벗겨진 상태가 오랫동안 지속되면 산화나 변색 등이 발생할 수 있고 향기도 손실된다.

다크초콜릿은 밀크초콜릿보다 이런 변화에 강한데 카카오 성분에 들어 있는 항산화 물질의 농도가 밀크초콜릿보다 높기 때문이다. 그래서 화이트초콜릿이나 밀크초콜릿이 6~12개월 정도 판매 유통된다면 다크초콜릿은 18개월 정도 유통되기도 한다.

초콜릿의 보관 중에는 보관 장소와 주위 환경도 중요하다. 냄새가 흡착되지 않도록 냄새가 강한 물건 가까이에 보관하는 것은 바람직하지 않다. 아울러 주변의 먼지나 유지 등에 오염이 되지 않도록 보관해야 한다. 초콜릿의 포장재에 작은 구멍이 생기면 먼지 등에 있는 벌레가 그곳을 통해 들어가서 유충 등을 발생시킬 수도 있다. 특히 넛츠류를 포함하고 있는 초콜릿의 경우는 더욱 조심해야 한다. 벌레들이 설탕을 좋아하는 것은 일반적이지만 카카오향에도 매력을 느끼지 않을까 생각된다.

© Simon A. Eugster

# 18
## 초콜릿 퐁듀

초콜릿의 온도를
35~40℃ 정도로
유지하여 충분히
녹인 상태에서
과일이나 빵에
초콜릿을 묻혀서
먹는다.

과일이나 치즈 등을 녹인 초콜릿에 듬뿍 찍어 묻힌 초콜릿 퐁듀를 먹어 보면 단단한 초콜릿을 먹을 때와는 또 다른 초콜릿의 세계를 즐길 수 있다.

퐁듀fondue는 스위스나 이탈리아, 프랑스 등에서 많이 먹는 요리의 일종으로 여럿이 함께 이동식 스토브로 하나의 냄비에 치즈를 녹인 다음 길다란 포크를 사용해 빵을 찍어 먹는다. 스위스에서 치즈를 와인에 녹인 다음 빵을 찍어 먹었던 것에서 시작되었는데 19세기 말에야 치즈 퐁듀라는 말이 사용되었다.

스위스의 요리가인 콘래드 에글리Konrad Egli는 1960년대 중반에

토블론 초콜릿의 판촉 행사 중 하나로 초콜릿 퐁듀를 고안해 내었는데 이미 그 이전인 1930년대에 일종의 초콜릿 무스나 초콜릿 케이크가 초콜릿 퐁듀로 일컬어지기도 했다.

간단하게 초콜릿 퐁듀를 만드는 방법은 다음과 같다. 준비물은 초

### ✕ 쉬어 가기: 초콜릿 퐁듀 만들어 보기 ✕ _pictorial ⓮

1. 초콜릿을 잘게 자른다

2. 우유에 초콜릿을 녹인다

3. 과일 등을 초콜릿에 찍어 먹는다

콜릿과 초콜릿을 녹일 수 있는 간단한 장비, 그리고 초콜릿을 찍어 먹을 먹거리면 되고 우유를 추가로 준비해도 된다. 2~3인분이라면 초콜릿 150g 정도와 우유 100cc 정도, 그리고 바나나나 빵 등을 준비한다.

먼저 초콜릿이 잘 녹도록 초콜릿을 잘게 썰거나 분쇄하도록 한다. 초콜릿 청크나 드롭이 있으면 더욱 편리하다. 용기에 우유를 넣고 중간 정도의 화력으로 우유를 따뜻하게 데운 다음 끓을 정도가 되면 화력을 약하게 하고 잘게 만든 초콜릿을 집어넣고 3~5분 정도 잘 저으면서 녹인다. 그러면 초콜릿이 골고루 잘 혼합된 초콜릿 소스가 만들어진다.

초콜릿의 온도를 35~40℃ 정도로 유지하면서 과일이나 빵에 초콜릿 소스를 묻혀서 먹으면 된다. 시간이 지나면서 소스가 걸쭉해지면 소량의 우유를 추가로 넣어 잘 섞어주면 일정한 상태를 만들어줄 수 있다. 먹고 남은 초콜릿 소스에 우유를 추가해 데우면 핫초코와 같은 초콜릿 음료로 마지막까지 초콜릿을 즐길 수 있다.

# 19

## 공기를 넣은 에어초콜릿

초콜릿에 공기를
넣어 줌으로써
부피를 키울 수도
있고 특유의
바삭한 식감을
만들 수도 있다.

mon A. Eugster

동그란 공기 방울이 빼곡히 들어가 있는 가벼운 식감의 초콜릿을 먹어 본 적이 있는지? 먹어보면 신기한 느낌이 든다. 공기를 넣은 식품은 우리 주위에서 일상적으로 볼 수 있다. 예를 들면 아이스크림이나 케이크용 크림, 맥주, 마시멜로, 밀크셰이크 등은 공기를 넣은 식품으로 우리에게 익숙한 것들이다. 들어가 있는 공기가 눈에 보일 만큼 큰 것에서부터 눈에 보이지 않을 만큼 미세한 것도 있다. 초콜릿에 공기를 넣기 시작한 것은 1930년대부터라고 한다.

초콜릿에 공기를 주입시키면 어떤 효과가 있을까? 우선은 초콜릿에 공기를 넣으면 비중이 낮아져 같은 중량이라고 하더라도 초콜릿의 부피를 늘릴 수 있다. 단위당 부피 기준으로 보면 제조비용이 적어질 수 있지만 초콜릿의 판매나 구입이 부피가 아닌 중량 단위로 이루어지므로 단순한 부피 증가가 초콜릿에 공기를 넣는 목적의 전부는 아니다.

무엇보다 공기를 넣은 초콜릿이 갖는 특징은 맛과 촉감에 있다. 초콜릿에 공기를 넣으면 초콜릿의 색상이 연해지는데 초콜릿의 비중이 낮아질수록 연해지는 정도가 커진다. 초콜릿 안에 있는 기포의 크기와 기포들의 간격은 식감에 큰 영향을 준다. 기포가 클수록 공기를 더 많이 느끼게 됨으로 가벼운 식감이 만들어져 새로운 맛을 내게 할 수 있고 초콜릿이면서도 상대적으로 바삭바삭한 식감을 가지게 할 수 있다. 단순하게 표현하자면 일반 초콜릿이 무거운 맛을 준다면 에어초콜릿은 가벼운 감을 준다고 할 수 있다. 우리가 케이크를 먹을 때 휘핑이 되어 있는 크림을 먹을 때 느끼는 가벼움이라고나 할까?

또 다른 에어초콜릿의 특징이라고 한다면 부피로는 많은 초콜릿을 섭취하더라도 공기가 주입된 만큼 상대적으로 섭취되는 양은 적으므로 열량의 섭취를 줄일 수 있는 장점도 있을 수 있다.

초콜릿은 코코아매스와 코코아버터와 같은 카카오 원료, 설탕과 같은 당류 그리고 분유와 같은 밀크류 등이 주요 구성분이 된다. 이들 여러 원료가 혼합되어 있으므로 완성된 초콜릿의 비중은 원료들의 구성에 따라 다르다. 물의 비중(g/cm3)을 1.0으로 기준하면 코코아매스는 고체 상태에서 일반적으로 1.1 정도의 비중을 갖는다. 코코아버터는 액체 상태에서는 0.88~0.90의 비중을 가지는데 15℃ 정도에서 고체 상태가 되면 비중이 약간 올라가서 0.90~0.96 정도가 된다. 따라서 코코아버터 등의 유지 성분이 많아지면 초콜릿의 비중은 상대적으로 낮아진다.

일반적으로 초콜릿은 고체 상태에서 1.3 정도의 비중을 가지지만 40℃ 정도에서 녹아 액체 상태가 되면 비중이 약간 낮아져서 1.2 정도가 된다. 초콜릿에 공기를 추가로 넣는다는 것은 초콜릿의 비중을 낮추는 것인데 공기를 많이 넣어 비중을 0.6 정도까지 낮추기도 한다.

초콜릿에 공기가 들어가서 남아있게 되는 원리는 초콜릿 안에 있는 유지가 결정화되면서 그 사이에 공기가 갇히게 되고 결정화 된 유지에 의해 주입된 공기가 안정화되는 것이다.

초콜릿에 공기를 주입시키기 위해서는 초콜릿의 온도를 낮게 하면서 강제적으로 공기를 주입시키는 장치가 필요하다. 초콜릿 안에 있는 공기는 초콜릿 안에서의 열전달에 있어서 단열재 역할을 한다. 따라서 공기를 넣지 않은 초콜릿보다 같은 부피를 냉각하는데 시간이 더 걸린다.

일반적인 공정으로는 템퍼링을 시킨 초콜릿을 밀폐된 믹서에 넣고 공기를 강제로 주입하는 방법이 많이 사용된다. 별도로 압력을 가하지 않으면서도 공기를 주입할 수도 있지만 공기 주입량에 한계가 있

● 에어초콜릿 제품 _pictorial ❻

고 시간도 많이 걸리는 어려움이 있다. 그래서 일반적으로 에어초콜릿을 생산할 때는 압력을 가한 상태에서 주입하여서 더 쉽고 빠르게 공기를 넣는다.

　진공 상태부터 공기를 넣는 것이 이상적이지만 그러지 못할 경우는 보존하기에 적절한 유지 및 유화제를 사용하여 공기가 들어간 초콜릿을 만들기도 한다.

　몰드에 공기가 주입된 초콜릿을 넣고 흔드는 정도에 따라서도 기포의 크기가 달라질 수 있다. 몰드를 흔들어 주는 것은 정상적인 초콜릿을 사용하는 경우에는 기포를 없애주는 것이 목적인데 공기를 넣어준 초콜릿의 경우는 흔들어서 기포의 양과 크기를 조절할 수 있다. 충분히 흔들어 주어야 표면이 평평하고 균일하게 되지만 너무 많이 흔들면 기포가 위로 올라와 표면에서 기포가 터진 모양이 나타날 수도 있으므로 적절한 조화가 필요하다.

20

# 초콜릿과 템퍼링

© Simon A. Eugster

템퍼링은
초콜릿 안에 있는
유지를 냉각해서
가장 안정한
형태의 결정으로
만들어 주는
공정으로
초콜릿의 품질에
큰 영향을 준다.

템퍼링tempering은 초콜릿을 만들 때 가장 중요한 공정 중의 하나
인데 온도라는 뜻을 가진 영단어 'temperature'가 연상된다. 템퍼링
이 온도와 연관된 것임을 짐작할 수 있다. 그렇다고 단순히 냉각이라
고 이해해서는 안 된다. 단순히 냉각하는 공정이라면 냉각cooling이라
는 용어가 있는데 굳이 템퍼링이란 용어를 사용할 필요는 없을 것이
다. 템퍼링의 단계는 가열-냉각-재가열의 순서로 진행된다.

템퍼링은 기본적으로 코코아버터의 결정형성 특성에 기인하는 것
으로 초콜릿 안에 있는 유지를 냉각시켜서 가장 안정적인 결정형태를
만들어 주는 공정이다. 즉 유지를 안정적으로 결정화시키기 위한 공

정으로 유지가 빠르게 정확한 형태로 굳도록 돕는 역할을 한다. 템퍼링 상태에 따라 초콜릿의 물성이 크게 달라지고 품질도 차이가 나게 된다. 좋은 템퍼링이란 안정적인 정확한 결정형태를 가장 작은 형태로 가장 많이 만들어주는 것이다.

좋은 템퍼링을 거친 초콜릿은 광택이 좋고 유지 블룸의 우려가 최소화되며 경쾌한 촉감의 조직감을 가진다. 몰드를 사용할 경우에는 몰드에서 초콜릿을 빼내기가 쉽다. 냉각이 불충분하여 템퍼링이 부족한 초콜릿은 손으로 만지면 너무 잘 녹고 몰드에서 빼내기가 어렵고 광택이 없다. 반대로 템퍼링 온도가 지나치게 낮으면 초콜릿의 점도가 높아져 초콜릿 안에 있는 기포를 빼내기가 쉽지 않고 몰드에서의 유동성이 부족하고 작업성이 떨어지게 된다.

템퍼링 후 사용했던 초콜릿을 재사용할 경우에는 이전에 형성되었던 결정을 완전히 녹여주어야 한다. 재사용되는 양이 과다하거나 재가열이 부족해 완전히 녹이지 못하면 이전 결정이 남아 있어 큰 결정이 생기고 바람직한 작은 결정들의 수가 적어져 시간이 지나면서 점차 결정의 크기가 커져 지나친 템퍼링 상태가 유도된다.

초콜릿의 유형이나 성분에 따라 템퍼링 온도에 차이가 있다. 보통 다크초콜릿은 28~29℃인데 밀크초콜릿은 27~28℃ 정도로 다크초콜릿보다 1℃ 정도 낮게 템퍼링을 한다. 밀크초콜릿의 온도가 낮은 것은 유지방이 더 많기 때문이다.

템퍼링을 하는 방법은 공장이나 대규모 설비에서는 템퍼링용 설비를 사용하지만 개인이 소량을 템퍼링 할 경우에는 온도가 조절되는 테이블이나 물중탕을 이용한다. 테이블 위에서 초콜릿을 펼쳐서 템퍼링을 할 경우에는 테이블의 온도뿐만 아니라 작업하는 공간의 온도도 중요하다. 작업공간의 온도가 템퍼링 온도보다 높으면 템퍼링 온도까지 냉각이 어렵고 너무 낮으면 너무 급속히 냉각되어 작업성이 없어진다. 따라서 테이블의 온도와 작업실의 온도를 필요한 온도로 조절할 수 있어야 한다.

물중탕을 통해서 템퍼링을 할 때는 일정한 온도를 유지하는 용기가 있어야 한다. 그렇지 않으면 계속적으로 물의 온도를 맞추어가면서 템퍼링을 해야 한다.

테이블에서는 초콜릿을 펼치고 모아주는 작업을 반복하므로 전체적으로 초콜릿의 온도가 균일할 수 있는 반면 물중탕은 템퍼링을 할 때 용기에서 초콜릿의 모든 부분이 동일한 온도를 가지도록 최대한 잘 혼합되도록 저어주며 작업해야해 상대적으로 쉽지 않기 때문에 주의해야 한다. 특히 용기의 옆면이나 바닥 부분의 초콜릿은 안쪽의 초콜릿과 온도 차이가 많이 날 수 있으므로 바닥과 벽면의 초콜릿을 잘 긁어주면서 혼합해야 한다.

# 3부

이건 무슨 초콜릿인가요?

# 21 초콜릿의 정의

코코아 가공품류 또는 초콜릿류라 함은
테오브로마 카카오의 열매로부터 얻은
코코아매스, 코코아버터,
코코아분말 등이거나,
이에 식품 또는 식품첨가물을 가하여
가공한 초콜릿, 스위트초콜릿,
밀크초콜릿, 패밀리밀크초콜릿,
화이트초콜릿, 준초콜릿,
초콜릿가공품을 말한다.

"초콜릿이 뭐예요?"라는 질문보다 어려운 질문이 없을 것 같다. 여기에는 초콜릿에 대한 다양한 속성과 특징, 거기에다 외관과 맛 등 사람마다 서로 생각하는 바가 다르기 때문일 것이다. 그렇다고 아무나 임의대로 초콜릿을 정의한다면 혼란이 생길 것이다.

초콜릿에는 여러 가지 원료가 사용되지만 초콜릿이라는 독특한 맛과 향이 근본적으로 카카오에서 나온다. 카카오는 열대 아마존 삼림이 원산지로서 현재는 열대지역에서 재배된다. 초콜릿은 코코아매스, 코코아버터, 설탕, 우유 성분 등이 주성분이다. 원료에 있어서 당류가 추가되지 않은unsweetened or bitter 초콜릿은 고유의 맛과 향을 가져 빵이나 요리에 적합하고 당류를 첨가한 초콜릿과 그 밖에 다른 많은 초콜릿은 사용된 소재에 따라 다양한 맛을 나타내게 된다.

카카오 원료가 사용되지 않았다면 근본적으로 초콜릿이 될 수 없지만 카카오 성분이 들어 있다고 모두가 법적인 규격을 충족시키는 초콜릿이 되는 것도 아니다. 실제로는 규격이나 기준을 따르지 않으면서도 여러 가지 초콜릿 연상 제품에서 초콜릿이란 명칭이 사용되고 있기도 하다. 때문에 시중에 판매되는 초콜릿 제품을 구입할 때는 그 제품이 해당되는 초콜릿의 유형이 법적 규격에 따라 포장재에 표시되어 있으므로 확인할 필요가 있다.

카카오 원료 함량을 규정한 이유는 질적으로 저하된 초콜릿의 제조 및 판매를 근원적으로 방지하기 위한 목적과 아울러 초콜릿의 고급스러움을 유지하기 위한 방안이다. 오랫동안 이어져 내려온 초콜릿의 고급스러움을 유지하기 위한 방어적인 노력이라고나 할까.

우리나라 규정인 식품공전에서는 '코코아 가공품류 또는 초콜릿류'에 대해서 코코아 가공품류에 해당되는 카카오 원료들의 유래와 그 종류, 명칭을 구체적으로 명시하고 있다.(14쪽 참조) 아울러 초콜릿류의 유형과 그 명칭을 세분하여 말하고 있다.

이 가운데 대표적인 유형인 '초콜릿'에 대해서는 다음과 같이 코코아 가공품류에서 코코아고형분의 함량을 코코아버터와 무지방 코코아고형분으로 구분하여 그 함량을 규정하고 있다.

" 코코아원료에 식품 또는 식품첨가물 등을 가하여 가공한 것으로서 코코아고형분 함량 35% 이상코코아버터 18% 이상, 무지방 코코아고형분 14% 이상인 것을 말한다. "

국제식품규격위원회코덱스(Codex), Codex Alimentarius International Food Standards에서는 초콜릿이란 균질감을 가진 제품으로서 주요 성분은 코코아 물질들을 기본으로 하고 밀크 제품, 설탕 및 감미료, 그리고 기타 첨가제를 첨가하는 제품으로 규정하고 있다. 그 외에도 섭취가 가능한 다른 식품 원료가 사용될 수 있는데 코코아 성분 이외의 이런 성분들은 최종 제품의 중량에서 40%를 넘지 않아야 한다. 코코아버터 이외의 식물유지는 최종 제품에서 5%를 넘어서는 안 된다고 규정하고 있는데 이 부분은 각 나라마다 주장이 달라서 조정 노력이 계속되고 있다. 여기서 식물유지라고 말하는 것은 초콜릿에 사용되는 동물유지인 유지방 등에 대조해서 말하는 것으로 볼 수 있다. 유지방은 우유에서 얻어진 것으로 식물유지에는 포함되지 않는다.

국제식품규격위원회에서 규정하고 있는 각 초콜릿의 기준은 아래 표와 같다. 초콜릿 유형의 명칭과 각 기준도 우리나라와 차이가 있는데 이러한 유형과 기준의 차이는 각 국가마다 서로 다르므로 초콜릿을 생산한 국가에서 다른 나라로 수출하는 경우에는 수출국가의 규정을 충분히 이해하고 적용해야 한다.

| 2. Chocolate Types | Cocoa Butter | Fat-free Cocoa Solids | Total Cocoa Solids | Milk Fat | Total Milk Solids | Starch /Flour | Hazel-nuts |
|---|---|---|---|---|---|---|---|
| **2.1 CHOCOLATE TYPES (COMPOSITION)** | | | | | | | |
| 2.1.1 Chocolate | ≥18 | ≥14 | | ≥35 | | | |
| 2.1.2 Sweet Chocolate | ≥18 | ≥12 | | ≥30 | | | |
| 2.1.3 Couverture Chocolate | ≥31 | ≥2.5 | | ≥35 | | | |
| 2.1.4 Milk Chocolate | | ≥2.5 | ≥25 | ≥2.5 ~3.5 | ≥12-14 | | |
| 2.1.5 Family Milk Chocolate | | ≥2.5 | ≥20 | ≥5 | ≥20 | | |
| 2.1.6 Milk Chocolate couverture | | ≥2.5 | ≥25 | ≥3.5 | ≥14 | | |
| **2.1.7 Other chocolate products** | | | | | | | |
| 2.1.7.1. White Chocolate | ≥20 | | | ≥2.5 ~3.5 | ≥14 | | |
| 2.1.7.2 Gianduja Chocolate | | ≥8 | | ≥32 | | | ≥20 et ≤40 |
| 2.1.7.3 Gianduja Milk Chocolate | | ≥2.5 | ≥25 | ≥2.5 ~3.5 | ≥10 | | ≥15 et ≤40 |

| 2.2 CHOCOLATE TYPES (forms) | | | | | |
|---|---|---|---|---|---|
| 2.2.1 Chocolate Vermicelli / Chocolate Flakes | | | | | |
| 2.2.1.1 Chocolate Vermicelli / Chocolate Flakes | ≥12 | ≥14 | ≥32 | | |
| 2.2.1.2 Milk Chocolate Vermicelli / Milk Chocolate Flakes | | ≥2.5 | ≥ 20 | ≥3 | ≥12 |

(% calculated on the dry matter in the product and after deduction of the weight of the other edible foodstuffs authorized under Section 2) PRODUCTS CONSTITUENTS (en %)

- SUMMARY TABLE OF COMPOSITIONAL REQUIREMENTS OF SECTION 21

※ 국제식품규격위원회

CAC Codex Alimentarius Commission. UN의 식량농업기구FAO와 세계보건기구WHO가 공동으로 1961년 설립 안을 발의하여 1962년에 설립한 위원회로 보통 Codex라 칭한다. Codex Alimentarius란 식품법Food Code이란 뜻으로 Codex에서 정한 모든 식품규격, 실행규범, 가이드라인, 권고사항이 해당된다.

Codex는 FAO와 WHO의 회원국 및 준회원국 모든 국가에게 공개되어 가입할 수 있는 정부 간 기구이며 회의 참가자격은 정부대표자나 참관인으로서 산업체, 소비자단체 및 학술기관의 대표자 및 기타

비 정부국제기구이다. Codex의 설립목적은 소비자의 건강을 보호하고, 국제적으로 거래되는 식품에 공정한 관행을 이루고 식품규격을 국제적으로 통일하는 모든 활동을 조정하는 것이다.

Codex의 규정은 소비자, 식품생산업자 및 가공업자, 정부의 식품 관리당국, 국제식품거래종사자 모두에게 참고기준이 된다.

Codex 조직은 먼저 총회가 있고 그 밑에 집행이사회가 있고 각국에서 관련기관의 해당자를 의장 1명과 부의장 3명 및 지역조정관 7명으로 선출하여 조직을 운영하고 있으며, 로마에 있는 Codex사무국에는 FAO의 직원인 6명의 식품규격담당 직원이 근무하고 있다.

실제 업무를 담당하는 하부구조로서 9개의 일반과제 분과위원회, 12개의 식품별 분과위원회, 3개의 정부 간 특별작업반, 6개의 지역조정위원회가 있다.

일반과제분과위에는 일반원칙분과, 식품첨가물 및 오염물질분과, 식품위생분과, 식품표시분과, 분석방법 및 시료채취분과, 잔류농약분과, 식품 중 잔류수의약품분과, 식품의 수출입검사 및 인증제도분과, 영양 및 특수용도분과가 있다.

식품별 분과위원회에는 코코아제품 및 초콜릿분과, 가공과 채류분과, 유지류분과, 어류 및 어류제품분과, 생과 채류분과, 유 및 유제품분과, 천연광천수분과, 당류분과, 식육위생분과, 수프 및 브로스분과, 곡류 및 두류분과, 식물성단백질분과가 있다.

정부 간 특별작업반으로서 생명공학응용식품, 동물사료, 과채주스에 대한 작업반이 있다.

지역조정위원회에는 아프리카, 아시아, 유럽, 남미와 카리브, 북미 및 남태평양, 중동지역의 6개의 위원회를 두고 있으며 우리나라는 아시아지역에 속하여 있다.

기타 Codex의 하부조직에는 속하지 않는 독립적인 자문기관으로서 식품첨가물 및 오염물질(수의약품포함)의 위해성 평가를 담당하고 있는 JECFA<sup>Joint FAO/WHO Expert Committee on Food Additives</sup>, 농약을 담당하고 있는 JMPR<sup>Joint FAO/WHO Meeting on Pesticide Residues</sup>이 있다.

Codex의 규격설정 절차는 보통 8단계로 이루어지고 있으며 신속절차<sup>Accelerated Procedure</sup>의 경우는 5단계에서 승인할 수 있다. [『식품첨가물용어집』(식품의약품안전처)].

© jules

# 22

## 프랄린초콜릿

프랄린초콜릿은
캐러멜 상태의 설탕에
볶은 아몬드나
헤이즐넛을 혼합하여
가공한 프랄린을
사용하여 만든
초콜릿을 말한다.

한국에서는 프랄린praline으로 만든 초콜릿 제품을 보기 쉽지 않지만 유럽에 가면 매장에 별도 판매대가 있을 만큼 일반적이고 고급스럽게 취급받는 것이 이 프랄린 제품이다. 최근에는 국내에서도 트러플 초콜릿과 같은 고급 제품들이나 수제 초콜릿 등을 통해서 프랄린이 관심을 끌고 있다.

프랄린은 설탕을 가열해서 캐러멜 상태로 만들고 볶은 아몬드나 헤이즐넛을 혼합한 다음 냉각 후 분쇄해서 페이스트 상태로 만든 것을 말한다. 프랄린은 넛츠류의 독특한 맛이 설탕의 감미와 잘 어우러져서 고급 초콜릿의 센터 충전용으로 많이 사용된다.

프랄린초콜릿은 나라마다 다르다. 보통 벨기에 초콜릿으로 불리는 벨기에 프랄린은 단단한 바깥 부분의 내부에 그보다 부드럽고 때로는 액체 상태의 충전물을 넣은 것을 말한다. 프랑스 프랄린은 아몬드와 캐러멜화된 설탕의 조합물이다. 미국 프랄린은 밀크나 크림을 함유해서 더 부드럽고 크림성이 강하고 퍼지fudge를 닮은 형태이다.

메리엄-웹스터 사전에서는 프랄린을 '넛츠와 설탕으로 된 과자로서 끓인 설탕에 아몬드를 넣어서 갈색이 되고 바삭바삭할 때까지 요리한 것'이라 설명하고 있다. 또 브리태니커 백과사전에서는 프랄린을 '설탕, 넛츠, 바닐라 등을 혼합하여 만든 프랑스 과자'라고 설명하고 있다. 미국에서는 프랄린을 '설탕을 입힌 피칸이나 코코넛'을 지칭할 때 사용하기도 한다.

이와 같이 나라마다 프랄린의 성격이 다르므로 국제식품규격위원회에서는 프랄린을 특정 성분이나 원료의 함량보다는 한 입 크기의 제품으로 제품 전체 중량에서 초콜릿의 양이 25% 이상이어야 하는 것으로 규정하고 있다.

" 프랄린이란 한 입 크기의 제품을 말하며 제품 중에서 초콜릿 성분의 양이 제품 전체 중량의 25% 이하가 되어서는 안 된다 (A Praline designates the product in a single mouthful size, where the amount of the chocolate component shall not be less than 25% of the total weight of the products). "

전통적으로 프랄린에 대한 원료 구성과 인식 그리고 물성이나 맛의 특성이 오랫동안 불문율처럼 내려왔으므로 세부적으로 규정을 하지 않아도 관례적인 프랄린 범주를 벗어나지 않을 것으로 생각해서 규정을 구체적으로 제한하지 않은 것인지도 모른다.

# 23

## 초콜릿 버미셸리와 초콜릿 후레이크

초콜릿 버미셸리와
초콜릿 후레이크는
초콜릿 제품에
독특하고 바삭바삭한
조직감을 부여한
독특한 형태의 코코아
제품을 말한다.

초콜릿 버미셸리vermicelli는 초콜릿 스트랜드chocolate strand, 스프링클sprinkle, 샷shot 등 다른 여러 이름으로도 불린다. 국제식품규격위원회에 의하면 초콜릿 버미셸리와 초콜릿 후레이크flake는 혼합, 익스트루션, 경화 기술을 사용하여 초콜릿 제품에 독특하고 바삭바삭한 조직감을 부여한 독특한 형태의 코코아 제품을 말한다. 원료상의 조성이나 맛보다는 형태를 근거하여 정의하고 있는 것이다.

버미셸리는 짧고 원통형 곡물 형태를 가지는데 만드는 방법은 작은 다이die로 초콜릿을 실과 같은 형태로 압출시켜서 만든다. 주요 용

● 초콜릿 버미셸리 _pictorial ❼ 와 초콜릿 후레이크 _pictorial ❽

도는 케이크나 페스추리, 푸딩, 아이스크림 등을 장식하는데 사용되어 외관을 장식하는 것과 함께 바삭바삭한 조직을 만들어 주는 역할을 한다.

초콜릿 버미셸리와 후레이크는 형태면에서 차이가 있는데 버미셸리는 짧고 실린더 모양의 곡물과 같은 형태이지만 후레이크는 작고 납작한 조각 형태이다.

국제식품규격위원회에 의하면 버미셸리와 후레이크는 건조물 기준으로 32% 이상의 총 코코아 고형물을 가지는데 그 안에 12% 이상의 코코아버터 및 14% 이상의 무지 코코아고형물을 가져야 한다. 밀크초콜릿 버미셸리와 후레이크는 건조물 기준으로 20% 이상의 코코아고형물을 가지는데 그 안에 2.5% 이상의 무지 코코아고형물을 가져야 한다.

# 24
봉봉쇼콜라

어원과 전통적으로
다양한 의미가 있지만
지금은 보통
달콤한 과자로서
둥근 형태를 가지고
바깥쪽에
쉘 형태를 가지고
안에 충전물이
있는 것을
지칭한다.

○ jules

'봉봉'이란 말은 발음이 참 편해서 그런지 경쾌한 이미지를 갖는다. 봉봉이라는 말의 문자적인 측면을 살펴보면 이 말은 프랑스어인 'bon'에서 유래한 것으로서 그 의미는 '좋은good'이다. 프랑스 말로 Bon Voyage라는 말은 '좋은 여행 되세요have a good trip/voyage'라는 인사이고 'Bon Appétit'는 '맛있게 드세요have a good meal/appetite'라는 의미이니 봉봉쇼콜라라고 하면 좋은 초콜릿이란 의미이다. 'bon'이라는 글자를 두 번 연속 사용한 것은 강조의 의미일 것이다.

현재 'bon bon' 이라는 말은 네덜란드나 독일과 프랑스 등 많은 나라에서 '캔디candy'를 지칭하는 말로 사용되고 있다. 프랑스인들 사이에서 봉봉은 초콜릿을 입힌 캔디를 지칭하기도 하지만 그냥 캔디를 말하기도 해서 초콜릿을 입히는 것과 상관이 없다. 그래서 봉봉이라면 롤리팝, 초콜릿, 초콜릿을 입힌 과자, 설탕을 입힌 아몬드 같은 넛츠 등을 모두 포함하는 것으로 이해된다. bon bon이라고 쓰기도 하지만 bon-bon 또는 bonbon이라고 쓰기도 한다. 이런 어원적이고 전통적인 의미보다 지금은 일반적으로 달콤한 과자로서 둥근 형태를 가지고 바깥쪽은 쉘 형태이고 안에는 충전물이 있는 것을 지칭한다.

보통 봉봉쇼콜라 라고 하면 가나슈나 프랄린, 마지판 등을 초콜릿으로 코팅한 것으로 한 입 크기 정도로 만든 초콜릿 제품을 말한다.

봉봉쇼콜라와 유사한 것으로 트러플<sup>truffle</sup> 초콜릿이 있는데 좀 더 살펴보면 봉봉쇼콜라와 트러플 초콜릿은 크게 다르다. 봉봉쇼콜라는 근본적으로 초콜릿으로부터 시작된 것은 아니지만 트러플 초콜릿은 초콜릿으로부터 유래된 것이다. 봉봉쇼콜라는 당과 과자 위에 초콜릿을 입히는 방법으로 만드는데 초콜릿으로 두터운 바깥층을 만들고 내부를 충전하는 형태인 트러플 초콜릿보다 초콜릿 층이 얇은 편이다. 즉 봉봉쇼콜라는 트러플 초콜릿보다 충전된 내용물이 많은 편이지만 트러플 초콜릿은 충전물보다 초콜릿이 많은 편이다.

© jules

## 마지판

마지판은 볶지 않은
아몬드를 설탕과
혼합하여 페이스트
상태로 만든 것으로
독특한 색상과
풍미를 갖는다.

마지판marzipan이라는 용어는 우리에게는 아주 생소한 용어이다. 마지판이라는 말은 옛날에 프랑스나 독일에서 'march payne'이라고 사용되던 단어로부터 유래해서 독일에서 'marzipan'이라고 사용하게 되었다고 한다.

마지판은 볶지 않은 아몬드를 설탕과 혼합하여 페이스트 상태로 만든 것을 말한다. 볶지 않은 아몬드를 사용함으로 볶은 아몬드와 다른 색상과 독특한 풍미를 갖는다. 이런 특성 때문에 마지판은 아몬드 페이스트처럼 생각되어지기도 한다. 아몬드와 설탕 이외에 물엿이나 포도당, 꿀, 폰당 등의 원료를 더하기도 한다. 이렇게 만들어진 마지판

•마지판을 사용한 다양한 초콜릿 제품들

은 여러 가지 용도로 사용되는데 롤 형태로 말아서 사용되기도 하고 여러 가지 형태를 만들기도 하며 자르거나 몰딩을 하기도 한다.

일반적으로 마지판을 만드는 방법은 먼저 생 아몬드를 깨끗이 세척한 다음 끓는 온도 아래의 물에 5분 정도 담근 다음 부풀려진 껍질을 제거한다. 그런 다음 아몬드를 냉각하고 분쇄해 곱게 간 다음 약 35% 정도의 설탕을 넣는다.

이 혼합물을 볶은 다음 냉각시켜서 마지판을 만드는데 이렇게 만들어진 마지판은 그 자체로도 먹을 수 있지만 다른 식품 소재와 섞어서 사용할 수도 있다. 마지판의 아몬드는 껍질을 제거해 사용하기 때문에 껍질이 있는 채로 사용한 아몬드 페이스트보다 색이 연하다.

© jules

# 26
## 타블렛초콜릿

'타블렛'은 프랑스어로
타블렛 초콜릿은
우리가 일반적으로
사용하는 판 초콜릿을
말한다 .

타블렛초콜릿tablette chocolate은 프랑스어로 '판 초콜릿'이라는 뜻
으로 우리가 흔히 말하는 판 초콜릿을 지칭한다고 보면 된다. 그런데
우리가 일상적으로 사용하는 초콜릿 관련 용어는 외국의 용어와 많은
차이가 있다. 예를 들어 초콜릿 바chocolate bar라고 할 때 한국에서는
보통 누가나 캐러멜 등에 넛츠가 들어 있는 막대 형태의 센터물에 초
콜릿을 입힌 제품을 가리켜 말하는데 캔디처럼 시럽을 끓여서 사용하
기 때문에 캔디바candy bar라고 말하기도 한다.

전통적으로는 초콜릿 바라고 하면 다크초콜릿이나 밀크초콜릿,
그리고 화이트초콜릿으로서 '바' 형태를 가진 초콜릿을 말하는데 여

기서 말하고 있는 '바'라는 것은 막대기와 같은 형태를 말하기보다는 보통 솔리드solid를 의미한다. 이런 의미에서 타블렛 초콜릿이라고 하는 것은 초콜릿 바와 같은 의미라고 이해해도 된다.

대부분의 영어권에서 초콜릿 바라는 말에는 이런 솔리드나 타블렛 형태 외에도 전형적인 캔디바까지 포함한다고 할 수 있다. 즉 전형적인 솔리드 초콜릿 바부터 여러 개의 층을 가진 제품, 그리고 초콜릿이 없는 넛츠와 과일, 캐러멜 등의 혼합물까지를 지칭하고 있다.

19세기까지 대부분의 과자는 개별포장 없이 작은 조각 형태로 만들어져 봉지에 담아 중량 단위로 판매되었다. 초콜릿도 막대 또는 타블렛 형태로 만들어져 바로 먹을 수 있는 상태로 판매되었다. 타블렛 초콜릿은 고체로 만든 초콜릿의 원조격이라고 할 수 있다.

참고로 영국의 민텔Mintel이라는 소비자조사기관이 제시한 시장에서의 초콜릿 제품의 유형별 분류를 살펴보면 다음과 같다. 이 분류는 법적 분류나 조성물 특성을 고려한 것이 아니라 마케팅 측면에서 소비자 중심으로 분류한 유형의 한 예시이다.


1.초콜릿 블록chocolate block

솔리드 상태의 초콜릿 블록을 말하는데 모든 크기의 밀크, 플레인, 화이트초콜릿을 포함한다. 예를 들면 마스터푸드의 갤럭시Galaxy, 캐드버리의 데어리밀크Dairy milk, 네슬레의 밀키바Milky bar 등이 있다. 그

밖에도 과일류나 넛츠류가 들어가 있거나 민트 같은 추가적인 향이 들어가 있으면서 블록 형태로 몰딩된 초콜릿도 포함하는데 캐드버리의 데어리밀크 민트와 데어리밀크 후르츠앤넛츠 등이다.

### 2.카운트라인countlines

캐러멜이나 과일류, 웨하스, 비스킷 등을 원료로 함유하고 있지만 초콜릿이 주원료가 되는 제품으로서 예를 들면 마스의 바Mars와 스니커즈Snickers, 네슬레의 킷캣Kitkat, 트윅스Twix, 크런치Crunch 등이 이에 해당된다.

### 3.셀프라인selflines

초콜릿으로 코팅된 낱개 제품을 봉지에 넣거나 감싼 포장을 하거나 튜브에 넣어 포장을 한 모든 크기의 제품으로 스마티스Smarties, 몰티저스Maltesers, 레벨스Revels, 먼치스Munchies 등이 해당된다.

### 4.리미티드 에디션limited edition

제한된 일정 기간 동안 판매가 되는 정규적인 브랜드의 확장 제품으로 배합이나 맛을 변화시킨 제품이 포함된다. 예를 들면 네슬레의 킷캣 청키Chunky는 판촉 포장을 하고 가격을 할인해서 제품명도 별도로 설정했다.

© jules

## 트러플

트러플 초콜릿은
버섯 모양에서
유래했는데
초콜릿에 버터와
생크림을 가해서
볼 형태로 만든
다음 그 위에
코코아분말
등으로 입힌
초콜릿을 말한다.

우리말의 송로松露버섯을 영어로 truffle 또는 truffe라고 한다. 송이에서 풍겨 나오는 은은한 향기가 있어 고급 음식에 사용되곤 한다. 이처럼 트러플truffle이란 말은 원래는 땅속에 있는 버섯의 자실체 fruiting body를 의미한다. 그런데 동그란 형태의 초콜릿 센터에 코코아분말을 입힌 것이 마치 버섯의 자실체처럼 보인다고 해서 트러플이란 이름이 붙은 것 같다.

트러플 초콜릿은 초콜릿에 버터와 생크림을 가해서 볼 형태로 만든 다음 코코아분말 등으로 입힌 것을 말한다. 트러플은 초콜릿을 기초로 한 과자로서 보통 초콜릿 가나슈chocolate ganache를 가지고 만든

• 트러플 초콜릿 제품 _pictorial **❾**

다. 초콜릿 가나슈는 초콜릿과 크림의 혼합물인데 초콜릿보다 크림을 많이 넣어 부드러운 촉감이 나타나게 한 후 냉각시켜 사용하기도 하고 크림을 적게 넣어 단단한 상태에서 사용하기도 한다. 폭 넓은 의미에서는 트러플이라는 초콜릿의 범위를 프랄린이나 액상 충전물로 채워진 초콜릿 셸을 포함해 말하기도 한다.

트러플 초콜릿과 봉봉 초콜릿은 동그란 형태 등으로 혼동하기 쉬운데 트러플 초콜릿은 초콜릿을 기본으로 한 과자로서 대개 초콜릿 가나슈로부터 만들어지지만 반대로 봉봉 초콜릿은 초콜릿으로부터 유래된 것은 아니다. 봉봉 초콜릿은 캔디 그 자체로 먹다가 나중에 초콜릿에 담가서 초콜릿을 입힌 형태로 발전한 것이다. 초콜릿의 함량에서 볼 때 트러플 초콜릿과 봉봉 초콜릿이 큰 차이를 보이는 것도 그 근본 유래가 다르기 때문이다.

트러플 초콜릿의 기본적인 제조 방법은 다음과 같다. 만들어놓은 초콜릿 페이스트에 크림을 잘 녹여서 골고루 섞는다. 리얼초콜릿을 사용할 경우 템퍼링을 하고 초콜릿과 크림의 온도를 알맞게 맞추어 주어야 한다. 그런 다음 일정한 크기로 절단한 다음 동그란 형태로 만든다. 그런 다음에 코코아분말 속에 넣어서 표면에 코코아분말을 충분히 입히면 코코아분말을 묻힌 트러플 초콜릿이 만들어진다. 동그란 형태에서 코코아분말을 입히는 대신에 또 다른 초콜릿에 담가서 다른 초콜릿으로 덧입히는 방법도 있고 몰드에서 초콜릿을 만들 때 내부 충전물로 사용하기도 한다.

jules

28

가나슈는
초콜릿에
생크림을
혼합한 것을
말한다.

슈라고 하면 가볍고 부드러운 과자가 연상된다. 따라서 슈라고 하는 이름이 들어있는 초콜릿을 먹었을 때는 가볍고 부드러운 맛을 기대하게 된다. 가나슈ganache라는 말은 프랑스어로서 1800년대 중반에 만들어진 것으로 보인다. 기원이 프랑스인지 아니면 스위스인지 논란이 있지만 만들진 후 급속히 유럽으로 확대되었다.

가나슈는 초콜릿에 생크림을 혼합한 것을 말한다. 초콜릿과 크림의 상대적인 혼합 비율에 따라 조직감이 달라지는데 크림의 비율이 많아지면 느슨하고 부드러운 촉감을 나타내며 상온에서 액체처럼 존재하기도 한다. 이런 물성으로 몰드를 사용하여 센터가 들어 있는 초

● 코코아분말을 입힌 가나슈 초콜릿 _pictorial ❿

콜릿을 만들 때 센터 충전으로 많이 사용하며 케이크에 입힐 때에도 사용된다.

가나슈와 비슷한 물성을 가지는 초콜릿 무스chocolate mousse는 초콜릿보다 크림이 많은 상태에서 만들어지는데 가벼운 느낌을 갖는 초콜릿을 말한다. 반대로 크림보다 초콜릿의 비율이 많아지면 단단한 가나슈가 만들어지는데 상온에서도 고체처럼 느껴지는 물성을 나타내기도 한다. 이와 같이 단단한 형태의 가나슈는 굴려서 볼 형태로 만든 다음 그 위에 코코아분말을 입혀서 트러플을 만드는 데 많이 이용된다. 부드러운 크림 형태도 냉각시키면 트러플같은 제품을 만들 수 있다.

크림 25%를 초콜릿에 섞으면 광택이 좋은 초콜릿 시럽이 만들어진다. 이것을 냉각시키면 좀 더 단단하게 되기도 하지만 열을 가하면 다시 부드럽게 된다. 여기에 소량의 커피나 오렌지 등을 첨가하면 초콜릿 가나슈의 향에 변화를 줄 수 있다.

© jules

29

## 커버추어초콜릿

커버추어초콜릿은
코코아버터 성분이 많고
코코아고형물도 많은
고급 초콜릿을
말한다.

**외**국어가 들어와 사용될 때 간혹 그 정확한 의미가 제대로 전해지지 않는 경우가 있는데 커버추어초콜릿도 그 한 예일 수 있다. 커버추어초콜릿couverture chocolate은 아주 고급스러워서 고급 초콜릿의 대명사로 일컬어진다. 커버추어라는 말은 프랑스어인데 영어로 보면 '덮는다covering 또는 coating'라는 의미이다. 그래서인지 커버추어초콜릿과 코팅초콜릿을 혼동하기도 하는데 이 둘은 다르다. 이 부분은 뒤에서 다시 다룬다.

커버추어초콜릿은 코코아버터 성분이 많고 코코아고형물도 많은 초콜릿을 말하는데 초콜릿 중에서 최고급으로 인정해주는 초콜릿이

• 다크초콜릿 커버추어의 드롭 형태

다. 초콜릿이 고급스럽다는 것은 초콜릿 고유의 풍미가 강하고 풍부하며 최종 제품에서의 광택이 좋으며 부러뜨렸을 때 부스러지는 감촉이 경쾌하고 입안에서는 잘 녹고 촉감이 부드럽다는 것을 의미한다. 따라서 조성면에서 카카오 성분들의 함량도 중요하고 만들어진 상태에서도 그 특징이 분명하다. 커버추어초콜릿은 카카오 성분 중 코코아버터가 많아 쉽게 퍼지고 균일하면서도 얇게 코팅하기에도 좋은 특성을 갖는다.

국제식품규격위원회가 규정한 초콜릿 표준에 따르면 커버추어초콜릿은 건조물을 기준으로 했을 때 총 카카오 함량이 35% 이상이어야 하고 그중에 31% 이상은 코코아버터이어야 하며 2.5% 이상은 무지 코코아고형물non-fat cocoa solid이어야 한다.

이와는 별개로 밀크초콜릿 커버추어는 건조물을 기준으로 했을 때 총 카카오 함량이 25% 이상이어야 하고 그 안에 무지 코코아고형물을 2.5% 이상 함유해야 하며 14% 이상의 유고형물을 가지는데 그 가운데 3.5% 이상의 유지방을 함유해야 한다. 총 유지 함량은 31% 이상이어야 한다. 여기서 유고형물이라고 말하는 것은 첨가되거나 제거된 유지방을 제외한 기타 밀크성분을 말한다.

30

## 잔두야초콜릿

잔두야는
넛츠류를
볶아서 곱게
분쇄한 것과
초콜릿을
혼합해서 만든
이탈리아풍의
초콜릿이다.

ⓒ jules

**외**국어를 공부할 때 단어의 스펠링이 외우기 어려울 때가 있다.
아마 잔두야도 그런 단어로 조금은 얼굴을 내밀 수 있지 않을까. 그만
큼 잔두야라는 말은 우리에게는 아주 생소한 단어이다. 잔두야
gianduja는 넛츠류를 볶아서 곱게 분쇄한 것과 초콜릿을 혼합해서 만든
이탈리아풍의 초콜릿을 말하며 간두야gianduia라고도 한다.

국제식품규격위원회의 규정에 보면 잔두야 초콜릿은 32% 이상의
총 건조 코코아 고형물을 함유하고 8% 이상의 무지코코아 고형물을
함유하는 초콜릿이 20~40%의 곱게 갈은 헤이즐넛을 함유하도록 만
든 초콜릿을 말한다. 여기에다가 밀크나 건조 밀크 고형물을 더해서

●잔두야 관련 초콜릿 제품들

최종 제품에 5% 이상의 건조 유고형분이 함유되도록 한다. 아몬드나 헤이즐넛 및 다른 견과류의 총량은 제품 총 중량의 60%를 초과할 수 없다.

이와는 별도로 잔두야 밀크초콜릿은 10% 이상의 건조 유고형물을 갖는 밀크 초콜릿이 곱게 간 15~40%의 헤이즐넛을 함유하도록 만든 초콜릿을 말한다. 여기에 아몬드나 헤이즐넛 및 다른 견과류의 총량은 제품 총 중량의 60%를 초과할 수 없다.

헤이즐넛 대신 아몬드나 호두 등을 넣은 잔두야도 있지만 드물다고 한다. 미국에서는 밀크초콜릿과 다크초콜릿 그리고 화이트초콜릿이 3대 유형을 이루지만 이탈리아에서는 4번째 유형을 잔두야가 차지할 만큼 인기가 많다고 한다. 초콜릿 색상으로만 본다면 잔두야 초콜릿은 밀크초콜릿과 다크초콜릿의 중간 정도에 해당한다.

세계적으로 유명한 페레로로쉐 초콜릿은 제품의 안쪽에 있는 웨하스 속에 이 잔두야 초콜릿 크림이 들어 있다. 이 회사는 잔두야를 활용한 스프레드인 누텔라Nutella도 만들고 있다. 누텔라는 잔두요트Giandujot라는 이름으로 1945년에 처음 만들어졌는데 이 후에 명칭이 수페르크레마Supercrema로 변경되었다가 1964년에 지금의 누텔라가 되었다.

---

**✎ 쉬어 가기 ✎**

발음(정확한 발음은 zhahn-DOO-yuh)하기도 어려운 잔두야라는 용어는 어디에서 유래했을까? 17세기에 이탈리아 북부 지역의 피에몬테Piedmonte 지방의 수도인 토리노Turino에서 유래한 것으로 꼭두각시 인형극에 등장하는 한 캐릭터의 이름에서 비롯되었다고 한다.

나중에 나폴레옹의 봉쇄로 인해 쇼콜라티에들이 카카오 빈을 공급받지 못했을 때에 공급량도 부족해지고 가격도 오르자 그들은 초콜릿과 헤이즐넛을 조합시켜 잔두야라 이름 하였다. 헤이즐넛이 꼭두각시 인형처럼 카카오 빈을 대신했다는 의미일 것이다.

© jules

# 31

## 스위트초콜릿과
## 세미스위트초콜릿

스위트는 단맛을
나타내는데
초콜릿에 사용된
코코아 고형물의
함량에 따라
맛이 다르므로
카카오 성분의 함량에
따른 초콜릿의
분류라 볼 수 있다.

스위트는 단맛을 나타내는 표현이다. 단맛은 설탕 등 당류에 의
해 나타나지만 당류가 많고 적음에 따라 상대적으로 카카오 성분의
함량도 달라진다. 따라서 스위트초콜릿이라 불리는 초콜릿 제품도
당류가 아닌 카카오 원료의 성분 및 그 함량에 따라 구분한다.

국제식품규격위원회의 정의에는 '초콜릿'은 건조물 기준으로 35%
이상의 총 코코아고형분을 함유해야 하고 그 중 18% 이상의 코코아버
터와 14% 이상의 무지방 코코아고형분을 함유해야 하지만, 스위트
초콜릿은 건조물 기준으로 30% 이상의 총 코코아고형분을 함유하고

그 가운데 18% 이상의 코코아버터와 12% 이상의 무지방 코코아고형
분을 함유하여야 한다. 지역에 따라서는 비터스위트초콜릿, 세미스
위트초콜릿, 다크초콜릿, 초콜릿 퐁당이라 말하기도 한다.

　스위트가 단맛을 나타내는 표현이라면 상대적으로 비터는 쓴맛
을 나타내는 표현이다. 스위트나 비터라는 표현이 들어 있는 초콜릿
유형들을 좀 더 명확하게 이해하기 위해 구체적으로 살펴보면 다크
초콜릿은 세미스위트초콜릿과 같은 의미이고 엑스트라다크초콜릿
은 비터스위트초콜릿과 같은 의미로 보는 것이 이해에 더 도움이 될
것 같다.

# 32

# 커버추어초콜릿과 코팅초콜릿

© jules

커버추어초콜릿은
고급 초콜릿을 말하지만
코팅초콜릿은
어떤 식품 소재에
입히는데
사용하는 초콜릿을
말하는 것으로
필요에 따라
커버추어초콜릿뿐만
아니라 다양한 초콜릿을
사용할 수 있다.

앞서도 말한 것처럼 커버추어란 말이 커버링이라는 말과 사촌간

이고 프랑스어로 코팅이란 의미가 있다고 해서 커버추어초콜릿을 코

팅초콜릿이라고 하는 것은 맞지 않다. 정확히 말해서 코팅초콜릿은

커버추어초콜릿과는 다르다.

코팅이라고 하는 용어는 보통 코팅팬을 사용하여 센터물에 초콜릿

을 일정하게 입히는 작업을 일컫는다. 이런 의미에서 볼 때 코팅초콜

릿이라고 할 때의 코팅은 어떤 식품 소재를 센터로 해서 그 바깥에 초

콜릿을 덮거나cover 입힌enrobe 상태라고 할 수 있다.

일반적으로 말할 때 누가나 캐러멜 등을 포함한 센터물에 엔로버

enrober라는 설비를 사용하여 초콜릿을 입히는 것과 센터물을 회전하

는 코팅팬에 넣어서 바깥 부분에 반복적으로 초콜릿을 입혀서 일정한 층을 입혀 주는 코팅은 설비나 제조 공정에서 구분이 된다.

커버추어초콜릿은 코코아버터가 많아서 쉽게 퍼지고 균일하면서도 얇게 입히는데 좋은 특성을 가지며 작업에 있어서 온도에 민감하다. 그만큼 온도에 따라 굳는 특성이 민감하기 때문에 회전하는 코팅팬에 넣어서 센터를 코팅하는 데에는 어려움이 있을 수 있다.

플레인초콜릿plain chocolate이라는 말을 사용하기도 하는데 플레인초콜릿이라는 규정이 있는 것은 아니다. 아마 커버추어초콜릿에 비하여 품질이 그만큼 못한 것을 일컫는 것이지 않는가 싶다. 플레인초콜릿이 다크초콜릿을 의미하기도 하지만 다크초콜릿이란 말도 화이트초콜릿이나 밀크초콜릿에 비해서 색상이 어둡다는 의미에서 붙여진 통상적인 이름이다.

코팅초콜릿은 캔디나 다른 식품 소재들을 입히는데 사용하는 초콜릿으로 보통 코코아버터 대신 식물유지를 함유하고 있어서 작업하기가 쉽지만 커버추어초콜릿의 우수한 점을 갖고 있지는 못하다. 예를 들어 코팅초콜릿으로 콤파운드초콜릿을 사용한다면 템퍼링이 필요한 커버추어초콜릿과는 달리 코팅초콜릿은 템퍼링이라는 공정이 필요 없이 더 쉽게 작업을 할 수 있다. 그렇지만 코팅초콜릿을 사용한 제품과 커버추어초콜릿을 사용한 제품의 광택 상태나 입안에서의 촉감 등을 비교해 보면 확실한 차이를 느낄 수 있다.

그렇지만 코팅된 상태의 초콜릿이 모두 콤파운드초콜릿을 사용한 것은 아니다. 코팅된 초콜릿의 특성에 따라 사용된 초콜릿의 유형도 다른데 어떤 형태의 초콜릿이 사용되었는지는 포장재에 표시되어 있는 원료사항을 보면 짐작할 수 있다. 코코아매스나 코코아버터 같은 카카오 원료가 많이 들어가 있는 것은 상대적으로 많은 카카오 성분이 들어 있는 것으로 볼 수 있지만 만일 코코아버터를 사용하지 않고 대신하여 식물유지를 사용하며 코코아매스 대신 코코아분말 등을 사용했다면 고급 초콜릿으로 보기는 어렵다.

# 33

## 다크초콜릿과 화이트초콜릿, 밀크초콜릿

색상에 의해서 차이도 나지만 규정에 따라서 카카오와 밀크 성분이 일정 함량을 가지고 있어야 한다.

ⓒ jules

검은색인 다크초콜릿과 흰색인 화이트초콜릿을 섞으면 갈색인 밀크초콜릿이 되는 것일까? 다크dark라는 뜻은 어둡다는 의미로 코코아매스가 많을수록 어두운 색이 되는 초콜릿의 특성을 나타낸다. 그렇다고 코코아매스가 적은 초콜릿이 밝다고 해서 라이트light초콜릿이라고 하지는 않는다.

다크초콜릿과 밀크초콜릿은 카카오 성분의 함량이나 밀크 함량에 따라 구분한다. 카카오 성분 가운데 코코아매스의 함량은 다크초콜릿에 많고 밀크 성분은 화이트초콜릿에 많다고 할 수 있으니 다크초콜릿과 화이트초콜릿을 혼합하면 카카오 원료와 밀크 성분이 중간에

● **밀크초콜릿, 화이트초콜릿, 다크초콜릿** _pictorial ⑪

위치하는 밀크초콜릿이 나온다고 볼 수 있다. 여기에서 말하는 밀크 초콜릿은 통상적으로 다크초콜릿과 화이트초콜릿의 사이에 위치하는 초콜릿 형태를 의미한다.

그런데 각 유형의 초콜릿에 대해서 특정 성분의 함량이 설정되어 있는 경우는 설정된 성분의 함량에 적합해야만 규정에 따른 명칭을 사용할 수 있다. 그래서 때로는 두 가지 초콜릿을 혼합한 후 규정에 적합하도록 하기 위해서 특정 성분을 추가적으로 첨가해 주어야 하는 경우도 있다. 특정 성분이라고 하는 것은 코코아매스나 코코아버터, 코코아분말 같은 카카오 성분이나 유고형분, 유지방 같은 밀크 성분을 말한다.

초콜릿의 유형과 조성물의 규격은 카카오 성분의 함량에 의해서 정해지는데 밀크초콜릿은 추가로 밀크 성분이 규정되어 있다. 코코아고형분 함량이 25% 이상이어야 하고 그 가운데 무지방 코코아고형분은 2.5% 이상이어야 하며 유고형분이 12% 이상이며 그 가운데 유지방은 2.5% 이상이어야 한다. 화이트초콜릿은 코코아버터가 20% 이상이고 유고형분이 14% 이상이며 그 가운데 유지방은 2.5% 이상이어야 한다.

따라서 초콜릿이나 스위트초콜릿을 화이트초콜릿과 혼합했을 때 코코아고형분 함량과 무지방 코코아고형분의 함량이 규정에 적합하다 할지라도 유고형분이나 유지방의 함량이 규정보다 적으면 밀크초콜릿의 규격에 들어갈 수 없다. 이런 경우에는 부족한 유고형분이나 유지방을 추가해서 모든 규격에 적합해야만 밀크초콜릿이 될 수 있다.

© jules

# 리얼초콜릿

보통
'리얼'초콜릿이라고
말하는 것은 그보다
품질이 떨어지는
'콤파운드'초콜릿과
대비해서 말한다.

진짜 초콜릿이 있고 가짜 초콜릿이 있는 것일까? 리얼초콜릿real
chocolate이라는 용어는 명확하게 규정이 되어 있는 것은 아니고 초콜
릿의 특성을 일컫는 통상적인 말이다. '리얼'이라고 하는 말은 상대적
으로 '리얼이 아닌'이라는 말을 염두에 둔 것이다. 여기에서 말하는 '리
얼이 아닌'을 보통 '콤파운드'라고 말해서 리얼초콜릿과 대조되는 이
름으로 사용하기도 한다.

리얼초콜릿이란 초콜릿에 사용된 유지에 코코아버터만을 사용하
고 그 외에 다른 유지는 사용하지 않았다는 것을 말한다. 초콜릿의 특
징적인 식감은 사람의 입안에서 부드럽게 녹는 것인데 이 특성은 카

카오 성분인 코코아버터 때문에 생긴 것이다. 코코아버터는 체온 가까이에서 녹기 때문에 초콜릿을 먹을 때에 입안에서 독특한 느낌을 가지게 하고 굳은 상태에서는 초콜릿에 안정적인 특성을 부여한다.

국가마다 차이가 있어서 코코아버터와 거의 동일한 특성을 가진 다른 식물유지를 코코아버터 대신 사용하기도 하지만 정통적인 초콜릿에서는 코코아버터만을 유지로 사용한다. 유럽 등지에서는 초콜릿에 코코아버터 이외의 식물성유지를 5% 이상 사용하지 못하도록 규제를 하고 있기도 한데 경제사회적인 취지도 있겠지만 고급 초콜릿의 풍미를 유지하고자 하는 초콜릿의 자존심 때문인지도 모른다.

초콜릿이 어떤 유지를 사용했는지는 제품에 표시되어 있는 원료들의 내용을 보면 알 수 있는데 코코아버터는 코코아버터라고 표시하지만 코코아버터와 유사한 조성과 특성을 갖더라도 코코아버터 외의 다른 유지는 코코아버터라고 표시하지 않는다.

리얼초콜릿과 대비되는 용어로 사용되는 초콜릿 용어는 콤파운드 초콜릿compound chocolate인데 콤파운드코팅compound coating, 초콜레티 코팅chocolaty coating 또는 이미테이션 초콜릿imitation chocolate이라는 용어도 사용한다. 보통 콤파운드초콜릿이라는 용어는 템퍼링이 필요 없는 초콜릿이라는 의미를 가진다. 템퍼링이란 하나의 유지 안에 여러 개의 결정형태를 갖는 유지를 사용하여 초콜릿을 만들 때 가장 안정된 유지 결정형태를 만들어주는 온도 조작 공정을 일컫는다.

코코아버터는 템퍼링 공정이 필요한 유지이기 때문에 코코아버터를 사용하는 리얼초콜릿은 템퍼링이 필요한 초콜릿이다. 반면에 콤파운드초콜릿이라고 하면 템퍼링이 필요 없는 유지를 사용하기 때문에 더 쉽게 초콜릿을 제조할 수 있다.

콤파운드초콜릿은 다양한 특성의 유지를 목적에 맞게 사용할 수 있기 때문에 열에 대한 안정성을 좋게 할 수 있어 기온이 높은 나라에서 장점이 많고 가격도 상대적으로 낮아 고급 초콜릿보다는 중저가 초콜릿에 주로 사용된다.

리얼초콜릿과 콤파운드초콜릿은 식감에서도 차이를 느낄 수 있다. 코코아버터는 체온 가까이에서 급격히 녹는 특성을 가지므로 입안에서 왁시한 느낌을 남기지 않는 반면에 콤파운드초콜릿에 사용되는 유지는 코코아버터만큼 깔끔하게 녹지 않아서 입안에서 녹는 특성이 나쁘고 왁시한 느낌을 나타낸다.

jules

# 35

## 초콜릿과 초콜릿리커, 스위트초콜릿

나라마다 다양한
용어가 있지만
초콜릿은 제품 유형의
총칭이고 초콜릿리커는
원료인 코코아매스를
말하며 스위트초콜릿은
초콜릿의 한 유형이다.

초콜릿과 관련된 용어에 있어서 국제적인 공통이 있는 것이 있기
도 하지만 대부분 국가별로 다른 것이 많고 국가 내에서도 정확히 규
정이 되지 않고 관례적으로 사용하는 용어도 많다. 따라서 각 용어가
나타내는 의미를 정확히 이해하는 것이 초콜릿 특성을 이해하는 데
도움이 된다.

초콜릿리커chocolate liquor라는 용어는 껍질을 제거한 카카오 빈의
알맹이인 닙을 볶은 다음 곱게 갈아 놓은 상태로서 코코아매스cocoa
mass, 코코아리커cocoa liquor, 카카오리커cacao liquor, 카카오매스cacao
mass, 코코아페이스트cocoa paste, 코코아고형물cocoa solid, 비터초콜

릿bitter chocolate이라고도 말한다. 이 초콜릿리커가 초콜릿 유형 구분의 기초가 되고 초콜릿 맛의 특성을 가장 크게 결정짓는다. 우리나라 식품공전에서는 코코아매스로 말하고 있다. 초콜릿리커라는 용어를 기준으로 초콜릿 유형을 보면 다음과 같다.

무가당초콜릿unsweetened chocolate은 베이킹 초콜릿, 순수 초콜릿, 비터 초콜릿이라고도 하는데 초콜릿리커를 냉각시켜서 굳힌 것으로 설탕이 추가되지 않으며 50~58%의 코코아버터를 함유한다.

비터스위트초콜릿은 세미스위트초콜릿, 다크초콜릿이라고도 하며 35% 이상의 초콜릿리커를 가지며 그 외에 코코아버터, 설탕을 포함하는 초콜릿이다. 우리가 많이 사용하는 용어인 다크초콜릿은 규격의 표준이 없고 종종 세미스위트초콜릿과 스위트초콜릿으로 기술되기도 한다.

비터스위트 또는 세미스위트 베이킹초콜릿은 초콜릿리커에 설탕은 넣었지만 코코아버터는 추가하지 않은 초콜릿이다.

스위트초콜릿은 15% 이상의 초콜릿리커를 가지고 그 외에 코코아버터와 설탕 등을 넣은 것이다.

밀크초콜릿은 10% 이상의 초콜릿리커를 가지고 그 외에 코코아버터, 설탕 등과 12% 이상의 밀크(밀크, 크림, 밀크분말 등)를 가진다.

화이트초콜릿은 20% 이상의 코코아버터와 14% 이상의 밀크를 가진다.

그라운드초콜릿ground chocolate은 코코아분말이 아니라 먹을 수 있는 초콜릿을 분말 상태로 갈아놓은 것을 말하고 베이킹 저항성 초콜릿은 초콜릿 칩을 말하는 것으로 코코아버터의 함량이 적은 비터스위트초콜릿이다.

© jules

# 36 싱글 오리진

초콜릿에 한 지역에서
생산된 특정 카카오를
사용한다는 것으로
특유의 맛과 향을
나타내서 차별성과
희소성을 강조한다.

싱글 오리진은 표현 그대로 오리진(기원)이 싱글(한가지)이라는 뜻이다. 이 표현의 이면에는 다른 초콜릿은 오리진이 싱글이 아니라는 역설이 있는 것이다.

카카오 빈은 그 품종과 재배 지역 등에 따라서 품질과 맛 등이 다르다. 카카오 빈의 산지를 구별하기 위해서 카카오 빈의 원산지origin를 표시하는데 재배한 국가명으로 나타낸다. 예를 들어 가나산이라든지 아이보리코스트산, 또는 인도네시아산 등으로 표시한다. 카카오의 품종에 대해서는 별도로 표시하지 않지만 근래에는 특징을 강조하여 나타내기 위해서 카카오의 품종을 표시하는 제품도 등장하고 있다.

초콜릿의 고유한 맛은 근본적으로 카카오 성분에 의해 만들어지고 카카오 성분은 카카오 빈에서 유래한다. 하지만 카카오 빈이 초콜릿으로 만들어지기까지는 여러 과정을 거치기 때문에 같은 카카오 빈이라고 하더라도 똑같은 성분과 맛을 가지지 않을 수 있다. 수확한 다음에 이루어지는 카카오 빈의 발효 및 건조에 따라서 성분과 맛이 달라지기도 하고 발효와 건조를 마친 콩을 사용하여 코코아매스를 만들거나 다른 원료와 혼합하여 초콜릿을 만드는 공정에 의해서도 성분과 맛이 달라질 수 있다.

카카오의 품종은 크게 세 가지로 구분을 한다. 최초로 카카오의 재배가 시작되었던 남아메리카에서 재배되었던 품종으로 크리올로 criollo가 있는데 크리올로는 '본연native birth'이라는 의미를 가진다. 이 품종은 잘 가공하면 신맛을 내는 산이 적고 아주 좋은 향을 내기 때문에 고급스러운 품종이지만 전 세계 카카오 빈 생산량의 1~2% 남짓만을 차지하고 있다. 지금은 다른 품종과 교배가 이루어져서 원래의 순수한 품종을 찾기가 쉽지 않다. 크리올로종은 카카오의 왕자라고 불릴 만큼 향이 좋지만 카카오 포드가 얇고 부드러워서 재배가 어려워서 중앙아메리카와 캐리비안 지역에서 소량만이 재배되고 있다.

크리올로 이후에 재배된 품종은 포라스테로forastero종이다. 카카오 포드가 두껍고 강해서 재배가 쉬우며 브라질과 아프리카에서 많이 재배된다. 포라스테로는 '삼림의of the forest'라는 의미인데 크리올로 품종보다 쓴맛과 신맛이 강하다. 나무가 단단하고 열매도 더 많이 맺어서 크리올로의 재배를 대체하게 되었고 지금은 전 세계 생산량의 약 90~92%를 차지하는 최대 재배 품종이다.

트리니다드trinidad종은 '트리니다드 유래native of Trinidad'라는 의미처럼 트리니다드에서 유래한 종으로 크리올로종과 포라스테로종의 교배종이다. 재배가 쉽고 카카오 포드는 부드러우면서도 풍미가 좋다. 1700년대에 트리니다드에서 크리올로 품종이 질병으로 황폐화되자 크리올로 대신 재배된 것이다. 질병이 끝나자 카카오 재배자들은 베네주엘라에서 포라스테로 품종을 들여와서 카카오 재배를 재개했는데 이들 품종과 남아 있던 소수의 크리올로종이 교배되어 나온 것이 트리니다드 품종이다. 재배에 좋은 포라스테로종의 장점과 크리올로종의 좋은 향을 결합시킨 것이라고 볼 수 있다. 지금 전 세계 카카오 생산량의 약 5% 정도를 차지하고 있다.

이와 같이 다양한 품종의 카카오 빈이 다양한 지역에서 재배되고 있어서 서로 다른 다양하고 특색 있는 맛과 향을 가지고 있다. 같은 품종이라 하더라도 교배 등을 통해 섞여서 실제로 최초의 기원을 찾기가 쉽지 않다.

대규모로 초콜릿을 제조할 경우에는 보통 생산량이 많은 포라스테로종의 카카오 빈을 사용한다. 산지에 있어서는 여러 국가의 카카오 빈을 함께 혼합해서 사용하는 것이 일반적이다. 예를 들어 가나에서

•싱글오리진 초콜릿 제품

생산된 카카오 빈을 브라질에서 생산된 카카오 빈과 혼합해서 초콜릿 제조에 사용하는 것이다. 이런 경우는 카카오 빈의 생산지가 단일하지 않다고 볼 수 있다.

싱글 오리진single origin이라고 하는 것은 초콜릿에 사용되는 카카오 빈을 특정한 하나의 지역에서 생산된 것만 사용한다. 특정한 하나의 지역에서 나오는 카카오 빈으로는 산출량이 적어 그 카카오 빈만을 사용하여 초콜릿을 생산하면 생산량에는 한계가 있다. 하지만 다른 지역에서 생산되는 카카오 빈과는 구별되는 특유의 맛과 향을 나타낸다. 이러한 특수성과 희소성을 내세워 차별화하는 것이다.

싱글 오리진이라고 하더라도 다 똑같은 것이 아니라 만들어지는 제품의 조성이나 제조 공정에 따라 맛이 달라진다. 근래에 싱글 오리진의 초콜릿이 나오면서 초콜릿에 사용된 카카오 빈의 재배지와 품종 등에 대해서 관심이 늘어나고 있다. 카카오 빈은 품종과 재배지역에 따라 그 맛과 향이 다르기 때문에 싱글 오리진의 초콜릿은 특별한 맛을 나타내는데 적합한 방법이다.

커피 전문점들도 단일 품종의 원두를 사용하는 다양한 싱글 오리진 커피를 만들고 있다. 이런 싱글 오리진 커피를 통해 원두의 원산지에 따른 고유의 맛을 중요시하는 소비자들의 고급화된 기호를 충족시키고 있는데 전 세계의 커피 산지와 농장에서 직접 엄선한 특별한 등급의 생두를 독자적인 배합비와 차별화된 로스팅 기법으로 뽑아내 싱글 오리진 커피로 판매하는 것이다.

© jules

## 화이트초콜릿

하얗기 때문에
초콜릿이 아닌 것은
아니고 코코아버터라는
카카오 성분이 들어
있는 초콜릿이다.

"화이트초콜릿도 초콜릿인가?"라고 많은 사람들이 묻는다. 결론적으로 화이트초콜릿도 초콜릿이다. 물론 화이트초콜릿이라는 규격에 적합해야 하는 것은 당연하다. 초콜릿에 대한 이미지가 블랙이나 브라운인 경우가 많기 때문에 그러한 색상이 아닌 화이트초콜릿은 초콜릿이 아니라고 생각하기 쉽다.

그러나 초콜릿의 기준은 색상으로 하는 것이 아니라 카카오 원료의 사용 여부와 그 함량이 기준이 되는 것이다. 화이트초콜릿 같이 보일지라도 코코아버터를 사용하지 않거나 함유량이 미달하면 화이트초콜릿 유형이 될 수 없다. 우리나라 식품공전에도 화이트초콜릿을 초콜릿 중 하나로 분류하고 있는데 카카오 성분으로 코코아버터를 20% 이상 함유해야 한다. 국제식품규격위원회에서도 화이트초콜릿의 기준에 코코아버터 20% 이상을 규정하고 있다.

코코아버터를 20% 이상 함유한다는 것은 그만큼 고급 유지를 사용하는 고급 초콜릿이라는 말이 된다. 코코아버터를 사용하기 때문에 코코아버터를 많이 함유하고 있는 화이트초콜릿은 작업에 있어서 템퍼링 공정을 반드시 거쳐야 한다.

코코아버터는 단단한 특성을 가진 유지이기 때문에 작업성도 까다롭고 아주 부드러운 케이크를 입히기에는 어울리지 않는 유지이다. 때문에 케이크 등을 입히거나 데코레이션하는 데 쓰이는 것은 화이트초콜릿이라기보다는 대부분 화이트크림이라 보면 된다.

화이트초콜릿과 화이트크림을 구별해야 하는데 둘 다 화이트 색상을 가지기 때문에 일반적으로 구분 없이 화이트초콜릿으로 생각하기 쉽지만 색상만 비슷하지 전혀 다르다. 초콜릿이 아닌데 초콜릿이란 용어를 사용하는 것은 잘못된 것이므로 실제로는 화이트크림인 것을 화이트초콜릿으로 표시하는 것은 안 된다.

# 4부

# 초콜릿을 어떻게 하면
# 잘 먹을 수 있나요?

# 초콜릿과 유통기한

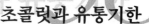

초콜릿의 유통기한은
초콜릿의
유형 및 보관 방법에 따라
크게 다를 수 있는데
제품의 위해성
외에도 외관이나
맛에 의해서
품질이 평가되기도 한다.

© jules

식품인 초콜릿도 시간이 지나면 맛도 변하고 품질도 변한다. 그렇다면 초콜릿의 유통기한은 얼마나 해야 할까? '유통기한'은 제품의 제조일로부터 소비자에게 판매가 허용되는 기한을 말한다. 또 '품질유지기한'이라고 하는 것은 식품의 특성에 맞는 적절한 보존방법이나 기준에 따라 보관할 경우 해당 식품 고유의 품질이 유지될 수 있는 기한을 말한다.

초콜릿의 유통기한을 설정하기 위해서는 초콜릿에 사용된 원료의 특성과 최종적으로 제조된 제품의 내용과 특성이 중요하고 유통이나 보관방법 등도 중요한 변수가 된다. 원료에 변화나 변질이 있으면 유통기한이 짧아질 수밖에 없다.

판매를 할 경우는 유통기한 설정 실험을 통해 기간을 정한다. 수분이 많고 수분활성도가 높은 경우에는 미생물에 의한 안전성이 중요해지므로 유통기한 설정이 매우 중요해진다. 일반적으로 초콜릿은 수분이 적고 수분활성도도 낮기 때문에 미생물적으로는 큰 문제가 되지 않는다.

우리나라 식품공전에 규정되어 있는 코코아 가공품류 또는 초콜릿류의 규격은 다음과 같다.

" (1) 성상: 고유의 향미를 가지고 이미異味, 이취異臭가 없어야 한다.

(2) 납(mg/kg): 2.0 이하(코코아분말에 한한다)

(3) 요오드가: 33~42(코코아버터에 한한다)

(4) 허용 외 타르색소: 검출되어서는 아니된다(코코아매스, 코코아버터, 코코아분말은 제외한다)

(5) 세균 수: 1g당 10,000 이하(밀봉한 초콜릿류 제품에 한하며, 발효제품 또는 유산균 첨가제품은 제외한다)

(6) 유산균 수: 표시량 이상(유산균 함유 초콜릿류에 한한다)

(7) 살모넬라: n=5, c=0, m=0/25g "

살모넬라균 검사는 검체를 취하여 배양한 후 확인시험을 해서 결과를 관찰하는데 n은 검사하기 위한 시료의 수를 말하고 c는 허용기준치를 초과하는 최대허용시료수이고 m은 미생물 허용기준치로서 결과가 모두 m 이하가 되어야 적합으로 판정할 수 있다. 살모넬라균에 있어서 n=5, c=0, m=0/25g이라는 것은 25g 시료 5개를 채취해서 검사한 결과 어느 하나에서도 살모넬라균의 수가 0을 넘어서는 안 된다는 것이다.

위에 있는 규격 외에 실제로 초콜릿을 먹을 때의 맛이나 식감 등도 중요한데 초콜릿은 유지가 포함되어 있는 식품이므로 특히 유지의 산화에 의한 변질에 주의해야 한다. 온도와 습도 등 보관 조건이 적절할 경우 다크초콜릿은 밀크초콜릿보다 유통기한이 길 수 있는데 이는 코코아고형물에 들어 있는 항산화 물질의 영향에 있다고 할 수 있다.

일반적으로 다크초콜릿은 밀크초콜릿보다 유지방이 적은데 이런 유지의 조성 차이도 시간이 지나면서 발생하는 맛과 향의 차이에 영향을 준다. 초콜릿은 복합적인 식품이므로 특정 유형별로 유통기한의 길고 짧음을 단정 짓기는 어렵다.

초콜릿의 유통기한은 유형 및 보관조건 등에 따라 크게 다른데 유통기한이 2년이라 할지라도 좋은 맛을 위해서는 1년 안에 먹는 것이 좋다. 실제로 초콜릿의 유통기한은 국가별 그리고 제품 유형별로 다

| 초콜릿 형태 | 실온 | 냉동(0.5~4.4℃) |
|---|---|---|
| Chocolate, unsweetened (초콜릿, 무가당) | 18개월 | |
| Chocolate Syrup, opened (초콜릿 시럽, 개봉) | | 6개월 |
| Chocolate Syrup, unopened (초콜릿 시럽, 밀봉) | 2년 | |
| Chocolate, semisweet (초콜릿, 세미스위트) | 2년 | |
| Chocolate, premelted (초콜릿, 예열된 것) | 1년 | |

참조: Boyer, Renee, and Julie McKinney. "Food Storage Guidelines for Consumers." Virginia Cooperative Extension (2009): n. pag. Web. 7 Dec 2009

● 초콜릿의 유통기한(Chocolate Shelf Life)

르고 표시 방법도 유통기한 외에도 일본에서는 '상미기한賞味期限', 유럽 등에서는 'Best before'로 표시하기도 한다.

유통기한을 어느 기간으로 설정하느냐 하는 것은 여러 목적에 따라 차이가 있을 수 있는데 품질적으로 문제가 없어도 회전 기간을 짧게 가기 위해 유통기한도 짧게 하는 경우도 있고 반대로 시장에서의 유통기간을 늘리기 위해서 길게 가져갈 수도 있다. 고급 제품의 경우는 일부러 유통기한을 짧게 가져감으로써 소비자에게 오래 되지 않은 제품을 공급하고자 노력하는 경우도 있다.

보이어Boyer 등에 따르면 초콜릿의 유통기한은 초콜릿의 유형에 따라 그리고 보관 방법에 따라 크게 다를 수 있다. 초콜릿의 유통 및 보관 조건도 서로 다르고 또 제품의 품질에 대한 기준치도 서로 상이할 수 있으므로 어느 규정에 얽매일 필요는 없지만 참조하는 데는 도움이 되리라 본다.

---

**✂ 쉬어 가기 ✂**

초콜릿이 오래 되고 품질이 나빠진 것을 어떻게 알 수 있을까? 외관상 변질을 관찰할 수 있는데 초콜릿의 가장자리 부분에 작고 하얀 점들이 생기면 초콜릿이 건조되고 오래되었다는 표시이다. 먹을 수 없다는 것은 아니지만 최고의 맛을 느낄 수 없다는 것이다. 물론 곰팡이가 피거나 벌레가 생긴 것은 당연히 먹을 수 없게 되었다는 것이다.

# 초콜릿의 녹음

초콜릿의 녹음

**39**

초콜릿이 녹는 것은
유지의 특성에 따르므로
모든 초콜릿이 특정
온도에서 녹는다고
말하기 어렵다.
실온에서의 보관이나
녹음도 초콜릿마다
다를 수밖에 없다.

여름에 초콜릿이 녹으면 먹는 데 문제가 있고 품질도 나빠지는 것이 아닐까? 초콜릿이 녹는다는 것은 근본적으로 초콜릿의 성분인 유지가 고체 상태에서 액체 상태로 변화되는 것을 말한다. 따라서 초콜릿의 종류 및 초콜릿에 포함된 유지의 특성에 따라 녹는 온도가 크게 변한다.

녹는 온도가 높은 유지를 사용한 초콜릿은 상대적으로 녹는 온도도 높을 것이고 유지의 함량이 적은 것보다는 많은 것이 녹기 쉬울 것이다. 유지에는 각각의 녹는점이 있으므로 유지를 사용할 때에는 유지의 특성을 잘 알아야 한다. 기후에 따라 사용되는 유지도 다른데 열대지역에서는 녹는점이 높은 유지를 사용하여 초콜릿이 녹아서 변형되는 것을 되도록 막으려고 한다.

초콜릿을 실온에 보관하면 녹을까? 실온이라는 것은 특정 온도를 지칭하는 온도가 아니다. 예를 들어 여름의 실온과 겨울의 실온이 같을 수는 없다. 여름철의 실온이 30℃라고 한다면 초콜릿 중에서 녹을 수 있는 것도 많겠지만 겨울철에 실온이 10℃가 된다면 녹는 초콜릿은 거의 없을 것이다.

우리나라는 여름철에 기온이 높고 습도가 높아서 초콜릿을 주의해서 진열하지 않으면 녹는 것을 피하기 어렵다. 따라서 실온에서 초콜릿이 녹는지 안 녹는지 하는 것보다는 온도를 제시하는 것이 바람직하다.

초콜릿을 30℃ 이상에서 2시간 이상 보관하면 블룸이 발생할 수 있고 직사광선에 30분 이상 노출될 경우에도 블룸이 발생할 수 있다. 초콜릿이 진열된 매장에서 구입한 후 취식 시까지 고온에 잠시라도 노출되면 초콜릿이 녹아서 블룸이 발생할 수 있다. 또 제품이 포장되어 있는 경우보다 개봉 시에 품질이 더 빨리 나빠질 수 있으니 주의해야 한다. 녹은 초콜릿을 냉각시켜 굳히면 녹았던 유지에 의해 블룸이 발생하기 쉽다. 녹은 유지가 굳어지면서 안정된 결정을 만들지 못하고 그냥 굳어짐으로써 초콜릿에 조잡한 결정이 생기기 때문이다.

# 40

# 초콜릿의 냄새 흡수

초콜릿의 유지는 냄새를
흡착하는 특성이 강하며
원료가 되는 설탕도
냄새를 흡수하는 성질이
강하므로 보관에
주의해야 한다.

초콜릿을 냉장고에 보관하면 음식 냄새가 초콜릿에 흡수되지는
않을까? 그러면 초콜릿 고유의 맛과 향기를 느끼지 못하게 될 것이다.
초콜릿을 향이 강하거나 먼지가 많은 곳에 보관하면 향이나 먼지의
냄새를 흡착하게 된다.

　일반적으로 유지는 냄새를 흡착하는 특성이 강한데 코코아버터도
마찬가지이다. 초콜릿의 원료가 되는 설탕도 냄새를 흡수하는 성질
이 강하다. 특히 결정형태의 설탕이 무정형amorphous 상태로 분쇄될
때에 흡착 능력이 커진다. 초콜릿 안에서는 유지에 둘러싸여 있어서
설탕 자체만으로 있는 것에 비해서는 냄새를 흡착하는 성질이 크게

약해진다. 거기에다가 포장된 형태로 보관되어 있다면 내용물을 주위 환경에서 보호하는 데 효과적이다. 그렇지만 냄새를 전혀 흡수하지 않는다고 볼 수는 없다.

초콜릿을 냉장고에 보관할 경우는 습도를 낮게 해서 상대습도가 50% 이하가 되게 하는 게 좋다. 냉장 온도를 15~21℃로 운영할 때에는 상대습도가 70%를 넘지 않도록 하는 게 초콜릿 보관에 좋다.

초콜릿이 냄새를 흡착하는 경로는 여러 가지가 있을 수 있다. 우선 초콜릿을 녹일 때 지나친 고온에 의해서 초콜릿이 탈 경우 탄 냄새가 초콜릿에 흡착될 수 있다. 타지 않더라도 캐러멜 냄새가 생길 수도 있으므로 고온은 피하도록 하는 게 좋다. 따라서 초콜릿을 녹일 때 초콜릿을 담은 용기를 열에 직접 접촉시켜서 녹이는 것은 금물이다.

초콜릿을 만들 때 수작업이 있을 경우 화장품이나 향수를 만진 손으로 작업하면 손의 냄새가 초콜릿으로 전이될 수 있으므로 손을 완전히 세척하거나 아예 접촉하지 말아야 한다.

녹은 초콜릿을 몰드에 부어서 냉각하는 경우에는 보통 냉장고를 사용한다. 이때 냉장고에 냄새가 나는 물체가 있으면 그 냄새가 초콜릿에 흡착될 수 있으므로 냉각에 사용되는 냉장고에서 냄새가 전이될 수 있는 물체를 제거해야 한다.

초콜릿을 포장할 경우는 포장재 및 포장에 사용되는 용제, 잉크, 접착제 등도 냄새가 완전히 없어진 상태에서 포장을 해야 한다.

몰드를 사용하여 초콜릿을 만들 경우에는 몰드 세척 시에도 주의해야 한다. 몰드는 가능하면 뜨거운 물로만 세척하되 세제를 사용할 경우 방향제가 함유된 세제는 사용하지 않아야 한다.

> **✂ Tip: 초콜릿 보관 – 이런 것 주의하세요 ✂**
>
> 초콜릿을 보관할 때 보관 중인 초콜릿 주변에 양념이나 비누, 향수 등 냄새가 강한 것은 놓지 않도록 해서 냄새의 흡착을 방지해야 한다.

# 41

# 초콜릿의 덩어리짐

초콜릿에
물이 들어가거나
녹일 때 강한 열로
초콜릿이 타면
흐름성 등 물성에서
물리적인 변화가
일어난다.

군어 있는 초콜릿을 녹여서 사용하려고 물중탕으로 녹이다가 물이 들어가거나 온도가 너무 올라가서 초콜릿이 덩어리져 버린 경험이 있는지? 초콜릿은 유지가 연속상으로 되어 있는 상태에서는 설탕이나 밀크 성분이 골고루 분산되어 있어서 흐름성이 좋은 물성을 가지고 있다. 물론 녹아 있던 초콜릿이 굳어지면 흐름성은 당연히 적어지거나 없어지겠지만 녹아 있는 상태에서도 입자가 거칠고 알갱이가 있다거나 윤기가 없거나 흐름성이 나쁠 경우에는 초콜릿에 무언가 문제가 있을 수 있다는 것을 나타낸다. 이러한 현상이 생기게 하는 대표적인 원인은 물과 열이다.

초콜릿은 코코아 고형물, 설탕, 분유 등이 코코아버터 안에 분산되어 있는 형태이다. 이러한 분산 형태를 가진 초콜릿에 소량이라도 물이 들어가면 설탕이 물을 흡수해 덩어리를 형성할 수 있고 유지의 연속상이 방해를 받게 된다. 따라서 초콜릿을 따뜻한 수조 등에 넣어서 녹일 때 따뜻한 물에서 나온 수증기 등이 응축하여 초콜릿에 들어가는 것을 막아주어야 한다.

초콜릿에 물이 들어가면 템퍼링이 되지 않는다. 템퍼링 용도로는 사용할 수 없게 되더라도 폐기할 필요는 없고 베이킹이나 센터 충전용 등 다른 용도로 사용할 수 있다.

반대로 의도적으로 물을 많이 넣어서 초콜릿 시럽이나 초콜릿 소스를 만들어 사용하는 경우도 있기 때문에 초콜릿과 물이 전혀 어울리지 않는 것은 아니다. 용도와 목적에 따라 다를 뿐이다.

초콜릿을 녹일 때 온도를 지나치게 높이면 코코아 고형물과 그 밖의 원료들이 고온에 의해서 탈 수도 있다. 결과적으로 덩어리지고 탈색된 상태로 변질될 수 있다. 이렇게 타버린 초콜릿은 다시 사용하기 어렵기 때문에 물중탕으로 녹일 때는 바닥 부분이 고온에 오랫동안 방치되는 것을 피해야 하고 전자레인지를 이용하여 초콜릿을 녹일 때는 강도와 시간에 주의해야 한다.

# 초콜릿의 품질평가

초콜릿의 품질을
평가하는 방법은
다양하다.
기계로도
할 수 있지만
손이나 신체의
감각을 통해서도
간단하게 품질을
평가할 수 있다.

전문가가 아닌 소비자의 입장에서 여러 가지 초콜릿의 맛과 품질
을 평가하려면 어떻게 하면 될까? 인체의 감각을 사용하여 초콜릿을
평가하는 방법에는 여러 가지가 있다. 초콜릿은 여러 가지 맛이 복합
적으로 들어 있으므로 복합적인 맛을 느끼기 위해 초콜릿을 천천히
먹고 조각 하나하나를 시간을 가지고 느끼면서 먹는 게 필요하다. 과
일이나 프레첼 등 다른 식품과 짝을 이루어서 먹어보는 것도 좋다.

화이트초콜릿에서 밀크초콜릿 그리고 다크초콜릿까지 다양한 초
콜릿을 종류별로 맛보는 것도 좋다. 같은 초콜릿 유형이라도 서로 다
른 브랜드의 초콜릿, 그리고 사용된 카카오의 기원이 다른 것도 맛의

차이를 느끼게 하는 데 좋다. 초콜릿에 칠라나 바다 소금sea salt을 넣은 특별한 초콜릿은 독특한 맛을 음미할 수 있다.

초콜릿을 감각적으로 평가할 때 우선 시각적으로 초콜릿을 평가할 수 있다. 초콜릿의 외관을 보면서 표면 상태나 광택 등을 판단할 수 있다. 만일 초콜릿을 만드는 데 사용된 몰드의 세척 상태가 나쁘다면 만들어진 초콜릿에도 몰드에서의 자국들이 남아 있을 수 있다. 초콜릿을 입히거나 묻힌 경우에는 초콜릿의 상태가 균일한지를 볼 수 있다. 초콜릿에 들어 있던 공기가 충분히 빠져나가지 않아서 초콜릿 표면에 기포가 보이는 것도 시각적으로 좋은 것은 아니다.

초콜릿의 색상을 볼 수도 있는데 초콜릿의 색상은 사용된 원료의 색상에 의해서도 결정되지만 원료들의 조성 비율 및 공정 조건 등에 의해서도 변할 수 있다. 코코아매스가 많은 초콜릿은 적은 것보다 더 어두운 색상을 가진다. 코코아분말을 사용한 경우에는 알칼리 처리 여부에 따라 코코아분말의 색상이 다르므로 동일한 양의 코코아분말을 사용했다 하더라고 코코아분말이 갖고 있던 색상에 따라 초콜릿의 색상이 크게 다르게 될 수도 있다.

초콜릿의 색상은 초콜릿의 유형이나 특성을 나타내지만 품질이나 맛에도 영향을 미친다고 볼 수 있다. 카카오가 많아 색상이 어두운 것은 그만큼 카카오의 풍미도 강할 것이기 때문이다. 그렇다고 해서 색상이 약한 것이 반드시 카카오 함량이 적거나 밀크 성분이 많아서만은 아니고 오히려 사용된 카카오 빈의 특성 때문일 수도 있다.

초콜릿을 손으로 부러뜨릴 때 나는 소리를 통해서 초콜릿의 품질을 평가할 수 있다. 이 소리는 초콜릿을 만드는 공정에서 템퍼링이 잘 이루어져 결정형태가 안정적으로 이루어졌는지 여부를 확인하는 데 유용하다. 또 다른 방법으로는 손가락으로 초콜릿을 집고 있으면서 얼마나 빨리 초콜릿이 녹는지를 보는 방법이다. 이것은 초콜릿에 지문을 찍듯이 누르면서 할 수도 있다. 템퍼링이 잘 이루어지지 않은 것은 빨리 녹고 만지거나 눌렀을 때 표면에 자국이 많이 남는다.

손의 촉감을 통해서도 판단하는 방법이 있는데 손가락에서 초콜릿을 느끼면서 비벼보면 초콜릿의 입자 상태가 고운지 거친지를 감촉으로 알 수 있다. 유지와 설탕의 비율을 손으로 느끼는 방법도 있는데 유지의 비율이 높고 설탕의 비율이 낮을수록 손에서 더 빨리 녹게 될 것이다.

초콜릿을 잘 녹인 다음 코 가까이에 대고 향기를 맡아 보면 초콜릿이 가지고 있는 풍미를 느낄 수 있다. 금속성이나 약품 같은 냄새가 나서는 안 되고 초콜릿 특유의 향기가 깊이 우러나야 좋은 초콜릿이다. 초콜릿 안에는 냄새를 나타내는 성분 외에도 맛을 나타내는 물질도 많이 들어 있다.

카카오 빈에는 향기를 나타내는 물질이 500여 가지 포함되어 있다고 하는데 초콜릿은 더 복합적이어서 1500여 개가 넘는 풍미 물질이 들어 있다고 한다. 그만큼 초콜릿의 맛과 향은 다양할 수밖에 없고 먹는 사람의 반응도 다를 수밖에 없다. 한 가지 주의할 것은 맛과 향이 항상 좋아하는 방향으로 일치하지 않을 수도 있다는 것이다. 향은 좋았는데 먹어본 결과 맛은 기대한 만큼 만족스럽지 못한 경우도 있을 수 있다.

초콜릿을 작게 잘라서 혀 위에 올려놓고 천천히 녹이고 녹은 다음에는 혀를 움직이면서 입 전체에서 조직감을 느껴본다. 거칠게 느껴지는 것은 좋지 않고 아주 부드러워서 마치 실크와 같은 느낌이 드는 것이 좋다. 입에서 녹여 삼키고 난 후에는 입안에 남아 있는 느낌이 없어야 한다. 유지가 남아 있어 왁스 느낌이 있는 것은 좋지 않다. 코코아버터와 같이 좋은 유지는 왁스 느낌은 남기지 않으면서 그 향기를 입에 오랫동안 남게 한다.

여러 가지 초콜릿을 반복적으로 평가할 때는 하나의 초콜릿을 먹은 다음에는 자극적이지 않고 소금이 들어 있지 않는 크래커나 청사과 조각을 먹고 소량의 물이나 탄산수로 입을 헹구어준 다음에 다시 초콜릿 맛을 보도록 한다. 어느 정도 간격을 두고 맛을 보는 것도 좋은 방법이다.

다양한 카카오 함량의 초콜릿을 먹을 때는 카카오 함량이 적은 것을 먼저 먹고 많은 것은 뒤에 먹도록 한다. 맛을 보는 순서는 색상이 얕은 것부터 진한 것 순으로 맛을 보는 것이 좋다.

촉감

소리

냄새

맛

● 신체의 감각을 이용한 품질 평가

카카오 특유의 맛을 즐기면서도 칼로리를 적게 섭취하려면 코코아 분말을 소량의 물에 넣은 다음 마시면 맛을 잘 느낄 수 있다. 취향에 따라 약간의 감미료나 바닐라나 오렌지, 헤이즐넛 등을 넣어서 추가적인 맛을 낼 수도 있다. 겨울철 추운 때에는 핫초코로 해서 마시면 카카오 특유의 맛과 향을 잘 느낄 수 있다.

시장에서 판매하는 초콜릿을 구입할 경우에는 초콜릿에 사용된 원료들의 표시 내용을 들여다볼 필요가 있다. 코코아고형물이나 코코아버터 같은 카카오 성분은 얼마나 함유되어 있는지 설탕 같은 당류의 함량과 아몬드 같은 특정 원료의 함량 등은 어떤지 확인할 수 있다. 무엇보다 초콜릿이 어떤 종류의 것인지를 쉽게 알 수 있는데 다크초콜릿인지 밀크초콜릿인지를 구분할 수 있고 제품에 따라서는 카카오가 얼마나 많이 들어 있는지도 알 수 있다.

## 초콜릿 블룸

초콜릿의 표면이 꽃이 핀
것처럼 하얗게 보이는
것이 블룸인데 유지에
의한 것과 설탕에 의한
것이 있다.

**영화** <사운드 오브 뮤직>의 노래 에델바이스의 가사에 블룸bloom
이란 단어가 나온다. 블룸이란 단어의 의미는 꽃이 핀다는 뜻이다. 초
콜릿의 표면이 하얗게 되어 있는 것을 꽃이 피어 있는 것처럼 보인다
하여 블룸이라고 한다.

초콜릿에 블룸이 생기면 일단 품질에 문제가 있다고 생각하게 된
다. 이렇게 초콜릿이 하얗게 되는 것은 무슨 이유에서일까? 이러한
블룸 현상에는 크게 두 가지의 원인이 있는데 유지와 설탕이다. 즉 유
지에 의한 유지블룸fat bloom과 설탕에 의한 슈가블룸sugar bloom이다.
그중에서 주로 발생하는 것은 유지블룸이다.

먼저 유지블룸에 대해서 알아보자. 초콜릿의 온도가 올라가서 녹으면 초콜릿 속에 들어 있던 코코아버터 등의 유지가 녹아서 녹은 유지가 표면으로 이동하게 되고 이 유지가 굳어지면서 불규칙하고 조잡한 결정을 이룬다. 이러한 결정형태는 흡수되는 빛을 난반사시켜서 우리 눈에 하얗게 보이는 유지블룸 현상을 일으킨다.

유지블룸이 발생하는 원인은 코코아버터 등 유지의 템퍼링이 안 된 상태에서 결정이 변화하면서 생기는 경우가 많고 그 외에도 숙성 과정이나 보관, 유통 과정에서 온도변화에 의해 발생하는 경우가 많다. 특히 하절기의 더운 날씨에 초콜릿이 외부에 노출되면 유지가 녹아서 블룸현상이 발생하게 된다. 초콜릿의 센터에 부드러운 크림을 넣은 제품에서는 시간이 지나면서 유지의 상호 이동이 발생하면서 블룸이 발생하는 경우도 있다.

또 다른 형태인 슈가블룸은 초콜릿으로 수분이 들어가거나 초콜릿이 습한 환경에 놓이면 설탕이 수분에 녹게 되고 수분이 날아가면서 설탕이 재결정화 되어 하얗게 되는 현상이 일어나는 경우이다. 초콜릿을 냉장고에 오랫동안 넣었다가 꺼내서 상온에 두면 차가운 초콜릿이 공기 중의 수분을 응축시켜서 수분이 맺히게 만들 수 있고 이로 인해 슈가블룸이 발생할 수 있으므로 주의해야 한다. 따라서 초콜릿을 냉장고에 넣어서 보관할 경우는 공기가 차단된 밀폐용기에 넣어서 보관하는 것이 바람직하다. 또 습도가 적은 곳에 보관하고 수분의 응축이 일어나지 않는 온도 조건에 보관하는 것이 좋다. 슈가블룸은 온도나 습도를 잘 관리하고 작업 및 보관 환경을 잘 관리해주며 포장을 잘해서 수분으로부터 보호해 주면 발생을 방지할 수 있다.

초콜릿에 발생한 블룸이 슈가블룸인지 유지블룸인지 어떻게 구별할 수 있을까? 고성능 현미경으로 결정형태를 관찰할 수도 있겠지만 간단하게 촉감과 녹는 상태에 따라 구별할 수 있다. 블룸이 있는 초콜릿을 손으로 만졌을 때 미끈하게 느껴지면 유지블룸이고 거친 느낌이면 슈가블룸이다. 또 손가락으로 문질렀을 때 체온에 녹아서 보이지 않게 되면 유지블룸이고 녹지 않고 그대로 있으면 슈가블룸이다.

블룸은 결정의 형태에 관련된 것으로 화학적인 변화는 아니다. 유지블룸이든 슈가블룸이든 어느 경우에도 품질이 문제가 되지는 않고 인체에도 해를 끼치지는 않는다. 블룸이 발생한 초콜릿을 녹여서 재사용해도 문제가 없다. 다만 다른 종류의 유지가 전이되어 와서 유지블룸이 생긴 경우는 문제가 남아 있을 수 있다. 블룸이 발생한 초콜릿은 외관상 보기에 식감이 떨어질 수 있으므로 초콜릿의 유통이나 보관 시에 온도와 습도 등에 주의를 기울여야 한다.

# 44 초콜릿과 궁합 음식

초콜릿은 견과류와
잘 어울릴 뿐 아니라
과일류와
시리얼 등과도
잘 어울리며
칠리 등과도
조화를 이룬다.

초콜릿과 잘 어울리는 것들에 무엇이 있을까? 초콜릿 애호가들은 초콜릿을 다양한 형태로 즐긴다. 샴페인이나 화이트와인, 진하게 로스팅 된 커피와 곁들이면 맛과 향이 더욱 부드럽고 풍부해진다. 예를 들어 초콜릿과 와인을 곁들여서 먹는다고 가정해보자. 단맛이 강한 밀크 초콜릿에는 향이 진한 와인을 사용하고, 단맛이 적고 쓴맛이 진한 다크 초콜릿에는 과일 향이 풍부한 와인이 잘 어울릴 수 있다. 견과류를 사용한 아몬드 프랄린초콜릿에는 아몬드의 부드러운 풍미와 유사하여 아몬드 풍미와 함께 즐길 수 있는 종류의 와인이 어울린다고 볼 수 있다.

초콜릿의 카카오 성분에 가장 어울리고 많이 사용하는 파트너는 단연 밀크 성분이라고 할 수 있다. 미국에서는 밀크초콜릿을 만들기 위해서 매일 약 1600톤 정도의 엄청난 우유를 사용한다고 한다. 밀크는 유지방과 단백질 등 다양한 성분으로 특유의 풍미뿐만 아니라 부드러운 물성을 만들어주고 영양까지 더해 주는 훌륭한 성분이다.

밀크 외에 많이 사용되는 것으로 견과류를 들 수 있다. 세계에서 생산되는 아몬드의 약 40%와 땅콩의 약 20%는 초콜릿에 사용된다고 하니 초콜릿에 잘 어울리는 소재로 아몬드와 땅콩을 빼놓을 수 없다. 아몬드와 땅콩 외에도 헤이즐넛, 피스타치오, 캐슈넛, 마카다미아, 호두, 브라질넛 등 여러 가지 견과류는 초콜릿과 아주 잘 어울린다. 엄밀히 말하면 땅콩은 견과류가 아니라 콩과에 속하는 열매이지만 통상적으로 견과류라고 부르기도 한다.

견과류에는 건강에 좋은 지방과 폭넓은 비타민, 무기물이 있고 심장병 위험을 줄이고 콜레스테롤을 줄이고 체중을 관리하는 데 유익한 파이토케미컬phytochemical이 들어 있다. 또한 천연 비타민 공급원으로 적어도 28개의 필수 영양소를 가지고 있고 몸에 좋은 다중불포화 지방 및 단일불포화 지방의 훌륭한 공급원으로서 혈중 콜레스테롤 관리에 좋다고 한다.

최근 연구로 하루에 평균 67g의 견과류를 먹으니 총콜레스테롤이 5% 낮아졌고 저밀도 콜레스테롤은 7%, 트리글리세리드는 10% 낮아

● 초콜릿과 잘 어울리는 견과류들 _pictorial ⑫

졌다는 결과가 있다. 또 일주일에 적어도 다섯 번 30g의 견과류를 먹으면 심장병의 위험이 30.5% 낮아졌다고도 한다. 그래서인지 하루 30g 정도의 견과류 한 줌을 먹어 건강에 도움이 되게 하자는 견과류 건강법이 많이 도입되었다.

견과류 가운데 마카다미아넛, 헤이즐넛, 캐슈넛, 아몬드, 피스타치오, 피칸 등의 견과류에는 단일불포화 지방이 많은 반면에 호두, 파인넛, 브라질넛 등에는 다중불포화지방이 많다.

과일류도 초콜릿과 잘 어울리는데 건조시킨 과일 분말을 초콜릿 배합 특히 화이트초콜릿 배합에 넣어서 과일 특유의 색깔뿐만 아니라 맛과 향을 내게 할 수도 있다. 건조된 것을 알갱이 형태로 사용할 수도 있고 과일 전체를 냉동 건조한 것을 그대로 통째로 사용하기도 한다. 무엇보다 과일 본래의 맛을 맛보는 데는 초콜릿 퐁듀가 좋을 듯싶다.

초콜릿과 어울리는 향료로 바닐린이나 바닐라향이 일반적으로 사용되고 유럽에서는 풍미를 내기 위해 소량의 소금을 사용하기도 한다. 카카오의 쓴맛을 줄이거나 특정한 맛을 강조하기 위해서 위해서 향료를 첨가하기도 한다. 예를 들어 밀크초콜릿에 밀크 맛을 강화하기 위해 밀크향을 사용할 수도 있다. 다크초콜릿 특유의 쓴맛과 어울리는 민트 맛 향료를 넣어서 민트 초콜릿으로 즐기기도 한다.

복합과자를 만들기 위해 비스킷이나 쿠키 등에 초콜릿을 입히거나 바르기도 하고 크래커 등의 샌딩에도 초콜릿을 사용할 수 있다. 비스킷이나 쿠키 등은 작게 부수어서 초콜릿에 혼합해서 넣을 수도 있다. 초콜릿을 청크나 드롭 또는 버미셀리 형태로 만들어서 뿌리거나 토핑하는 데 사용할 수 있다.

초콜릿 밀크와 같이 음료에 사용할 수도 있고 아이스크림에 혼합하거나 토핑하는 데에도 좋은 소재가 된다. 봉봉쇼콜라와 같은 제품도 있으니 초콜릿은 거의 모든 소재와 어울린다고 볼 수 있다. 근래에는 계피나 칠리 등 특이한 소재들과의 조합도 이루어지고 있다. 다만 각 용도에 따라 물성이 다르고 초콜릿은 아주 민감하기 때문에 정확한 지식과 기술이 있어야 한다.

# 45

# 초콜릿의 맛

초콜릿의 풍미란
향기와 맛을 말하는데
향기도 좋아야 하고
맛도 좋아야
좋은 풍미를
낸다고 할 수 있다.
풍미와 함께 근래에는
영양이나 기능을
중시한 섭취도
증가하고 있다.

다크초콜릿이 맛있을까 아니면 밀크초콜릿이 더 맛있을까? 풍미란 향기와 맛을 포괄적으로 지칭하는 말이다. 풍미를 보통 맛이라고 표현해서 풍미와 같은 의미로 이해하기도 하지만 향기도 좋아야 하고 맛도 좋아야 좋은 풍미를 낸다고 할 수 있다. 카카오는 특유의 향과 맛을 가지고 있어서 사람마다 그에 대한 느낌이 다르다. 다크초콜릿은 밀크초콜릿에 비해서 상대적으로 코코아매스 성분이 많으므로 카카오 특유의 향기도 진하고 쓴맛도 강하다. 단맛은 약하지만 쓴맛과 어울려서 지나치게 달지 않다는 느낌을 주는 것도 좋다. 먹고 난 후에도 입에 카카오의 풍미가 오랫동안 남아서 여운을 더해준다.

밀크초콜릿은 코코아매스 성분은 적지만 밀크 성분이 더 많아서 쓴맛이 약하고 밀크 특유의 풍미를 나타낸다. 쓴맛을 싫어한다든지 카카오 특유의 풍미를 좋아하지 않는 사람에게는 다크초콜릿보다 밀크초콜릿이 어울릴 수 있다. 마치 커피로 본다면 블랙커피와 밀크커피의 차이라고 볼 수 있다.

사람마다 기호가 다르므로 어느 것이 더 맛있다고 단정 지을 수는 없고 각 사람의 기호에 따라 선택해서 먹으면 된다. 그러므로 다양한 기호에 맞추어 다양한 카카오 함량의 제품을 만든다면 선택의 폭은 더 넓어질 것이다. 하지만 소비자들이 초콜릿을 먹는 트렌드를 보면 점점 다크초콜릿의 소비가 늘어날 것으로 예상된다.

유사한 경우를 훨씬 대중화되어 있는 기호식품인 커피에서 볼 수 있다. 과거에는 설탕이 많이 들어 있는 단맛 중심의 커피를 마시다가 단맛에 대한 부정적인 인식이 늘어가고 커피 본연의 맛을 알아가면서 단맛보다는 밀크 맛이 강한 밀크커피로 소비가 바뀌었다. 그러다가 최근에는 블랙커피를 지나 원두커피를 선호하는 경향이 늘어났고 거기에다가 싱글 오리진 커피까지 등장했다.

카카오가 낯설고 카카오의 쓴맛과 특유의 향이 밀크나 설탕 등으로 보완된 것을 즐겨 먹다가 근래에는 카카오의 건강 기능성 등이 밝혀지고 알려지면서 다크초콜릿에 대한 인식이 많아졌고 선호도도 높아졌다.

수년 전만 해도 다크초콜릿은 쓴맛 때문에 소비자들의 관심을 끌기가 어려웠다. 코코아고형물 함량도 20% 정도가 대부분 이었지만 이제는 50~70%가 되는 하이카카오의 소비도 보편화되었다. 나아가 점점 코코아고형물 함량이 높아진 제품이 개발되고 있는 것을 보면 소비자의 기호가 변하고 있음을 알 수 있는데 유럽과 같은 외국도 다크초콜릿의 비중이 늘어나고 있다.

# 46

# 초콜릿 잘 먹기

카카오의 영양과 기능을
생각한다면 카카오
함량이 많은
다크초콜릿을 먹는 것이
건강에 좋다. 카카오
외에도 다른 성분들이
많으니 섭취량도
주의해야 한다.

**어**떻게 하면 초콜릿을 잘 먹을 수 있을까? 대부분의 식품이 그렇
듯이 우선은 적당량을 섭취하는 것이다.

적당량이라는 것에 일정하게 정해진 양은 없다. 어떤 사람이 초콜
릿을 조금만 먹어도 열량에 부담을 느낀다면 그 사람에게는 그보다
적은 양이 적당량이 될 것이다.

아무리 좋은 것이라도 지나치면 부작용이 있을 수 있다. 그래서 초
콜릿 포장지에 표시되어 있는 영양성분을 꼭 읽어볼 필요가 있는데
섭취량에 따라 각 영양성분이 얼마가 되는지 알 수 있고 특히 열량을
확인할 수 있다.

초콜릿을 다른 음식과 균형 있게 먹는 것이 중요하다. 건강한 식단의 일부로 초콜릿을 먹는 것을 권장하지만 초콜릿을 지나치게 먹으면 지방이나 열량도 많이 섭취하게 되므로 초콜릿 안에 있는 항산화물이나 다른 화학물질의 긍정적인 효과를 경감시킬 수 있다.

초콜릿이 좋은 효과를 내게 하려면 먹는 사람도 어떤 기준을 가지고 섭취하는 것이 바람직하다. 예를 들어 설탕이 지나치게 많은 초콜릿은 단맛은 좋겠지만, 당류 섭취가 늘어나기 때문에 주의해야 한다.

초콜릿 안에는 다양한 종류가 있으므로 맛과 영양 등에 있어서 원하는 것을 선택할 수 있다. 항산화물이 많은 초콜릿을 먹고 싶으면 밀크초콜릿보다는 다크초콜릿을 먹는 게 바람직하고 다크초콜릿 중에서도 코코아고형물의 함량이 중요하다. 즉, 카카오의 영양과 기능을 생각한다면 카카오 함량이 70% 이상이 되는 다크초콜릿을 먹는 것이 건강에 좋고 그중에서도 코코아고형물이 많은 것이 좋다. 물론 가장 좋은 것은 카카오를 그대로 먹는 것이다.

밀크 성분을 섭취하고자 한다면 밀크초콜릿보다는 다크초콜릿과 함께 우유를 먹는 것을 권장한다. 일반적으로 다크초콜릿을 먹으면 혈장에서 전체적인 항산화 능력과 에피카테킨 함량이 증가되지만 이러한 효과가 초콜릿과 우유를 함께 먹거나 우유를 밀크초콜릿에 넣으면 매우 감소하기도 한다고 한다. 이러한 현상은 우유가 초콜릿에 있는 항산화물과 결합해서 그것들이 생체 내에서 흡수되는 것을 방해하는 등의 원인 때문이 아닌지 생각되고 있다. 그래도 항산화물이 많은 다크초콜릿을 먹으면 혈류 속으로 들어가는 항산화물의 양을 증가시킬 수 있다.

밀크초콜릿은 다크초콜릿에 비해서 카카오 함량이 적어서 다크초콜릿보다 카카오 효능이 적다. 화이트초콜릿은 코코아매스에 의한 유익한 기능은 없다. 항산화 능력으로만 본다면 코코아분말이 가장 높고 그다음이 다크초콜릿이고 그다음은 밀크초콜릿이며 화이트초콜릿이 가장 낮다고 볼 수 있다. 그렇지만 우유 성분에 의한 영양성분은 다크초콜릿보다 밀크초콜릿이 많다.

결국 맛과 영양, 풍미와 식감 등이 서로 다른 초콜릿 중에서 어떤 것을 먹을 것인가는 소비자의 선택에 달린 것이다. 모든 사람이 맛이 떨어지더라도 영양성분이 좋은 초콜릿을 선호한다고 단언할 수 없고 반대로 영양성분이 뛰어나지 않아도 맛이 좋은 초콜릿을 선택할 수도 있다.

우리나라도 점차 평균수명이 증가하면서 인구구조가 노령화되고 가고 있어 건강에 대한 관심도 역시 점차 증가할 것이다. 따라서 식품에 대한 관심도 맛에 한정되지 않고 영양, 나아가 건강 증진에 도움이 되는 것을 점차 선호하게 될 것이다. 이런 변화에 맞추어 초콜릿도 건강에 좋은 다크초콜릿을 점점 더 선호하게 될 것으로 보인다.

# 47

# 1일 초콜릿 섭취량

카카오나 초콜릿의 1일
권장 섭취량은 없다.
카카오의 기능성 물질을
기준으로 한다면
초콜릿의 유형별로
섭취량도 달라질 수 있다

하루에 초콜릿을 얼마나 먹는 것이 좋을까? 초콜릿에 좋은 점이 있다고 해서 무조건 많이 먹는 것은 바람직하지 않다. 그럼 초콜릿을 얼마나 먹는 것이 바람직할까?

인체에 필요한 영양소 가운데 하루에 필요한 양을 권장하기도 하는데 복합적인 식품으로서가 아닌 각각의 영양소나 항목별로 설정되어 있다. 따라서 식품에는 1일 영양소 권장량에 대조하여 섭취되는 양에 들어 있는 각 영양성분의 비율이 %로 표시되어 있다.

초콜릿 제품 자체에 대해서 1일 권장량이 규정되어 있지는 않다. 그렇지만 초콜릿 제품을 보면 한 번에 먹는 양인 1회 제공량을 기준으로 하여 각 영양소의 1일 권장량 대비 섭취 영양소의 비율이 나와 있다. 그러므로 초콜릿을 먹을 때는 열량과 영양소의 섭취량을 참조하여 섭취량을 조절하는 것이 바람직하다.

미국 영양학회지에 발표된 논문에서 영양학자들이 2007년에 35세 이상 남녀 10994명을 대상으로 다크초콜릿 섭취와 혈청 중의 C-반응성 단백C-Reactive Protein, CRP과의 관계를 조사했다. C-반응성 단백은 폐렴구균Streptococcus pneumoniae의 표면 항원인 C-다당체와 반응하는 단백질로서 감염성 질환이나 자가면역질환의 진단, 경과 관찰에 이용되고 이 물질의 농도가 높으면 뇌졸중과 심근경색증의 위험도가 높다는 것을 나타낸다.

연구 결과에 따르면 다크초콜릿의 섭취가 C-반응성 단백과 반비례한다는 것이다. 3일 동안 20g의 다크초콜릿을 먹은 사람은 다크초콜릿을 먹지 않은 사람이나 20g 이상 많이 먹은 사람에 비해서 의미 있게 낮아진 C-반응성 단백을 나타내었고 주기적으로 소량의 다크초콜릿을 먹는 것이 염증을 감소시킨다는 것이다. 3일에 20g 정도라고 하면 1일에 약 6.7g이 되지만 조사는 1일 섭취량이 아니라 3일에 20g을 먹은 것으로 되어 있다.

이 결과에 따르면 일주일에 2회 정도로 3일에 20g 정도를 먹는 것이 바람직하게 보인다. 물론 여기서 말하는 초콜릿은 플라보노이드가 많은 다크초콜릿을 말하는 것이다. 가능하면 고품질의 것을 먹고 가공이 최소화된 것이 바람직한데 가장 좋은 것은 카카오 원두를 그대로 먹는 것이다.

또 다른 의견으로 미국의 식이요법 영양학자인 더글러스 로일 Douglas Roill에 따르면 일반적으로 1주일에 14g에서 42.5g까지를 적당한 섭취량으로 말하고들 있다고 한다. 여기에서도 주의할 점은 1일 동안의 섭취량보다는 1주일의 섭취량으로 해서 조사가 많이 이루어지고 있다는 것이다. 물론 어떤 조사에서는 하루에 4.55g을 먹으면 혈압을 낮추는 데 충분하다고 말하고 있기도 하다. 그러면서 초콜릿이 인체에 유익한 것은 카테킨이라는 플라바놀과 플라보노이드 같은 폴리페놀 때문인데 다크초콜릿 100g에는 폴리페놀이 579mg이 들어 있는데 밀크초콜릿에는 160mg이 들어 있으며, 플라보노이드는 다크초콜릿에는 100g당 160mg, 밀크초콜릿에는 13mg이 들어 있다고 한다. 따라서 이 조사에서도 밀크초콜릿보다는 다크초콜릿이 몸에 훨씬 더 유익하다고 되어 있다. 다크초콜릿에는 혈관을 확장시켜주는 테오브로민도 더 많이 들어 있다.

오스트레일리아의 영양사 협회에 의하면 초콜릿으로 건강에 유익을 얻으려면 하루에 7.5g 정도를 먹는 것이 바람직하다고 말하고 있다. 물론 여기에서도 말하는 초콜릿은 다크초콜릿을 말한다. 하루에 7.5g의 다크초콜릿을 먹으면 심장병이나 뇌졸중의 위험을 39% 줄일 수 있다고 했다. 이러한 효과는 독일에서 35세에서 65세까지의 성인

초콜릿, 얼마나 먹어야 할까

19,357명을 대상으로 10년간 실시한 조사에서 얻어진 것으로 유럽의 심장저널에도 실렸다고 한다.

미국 미시간대학교의 통합의학부에서는 건강한 영양교육을 위해서 치료음식 피라미드Healing Foods Pyramid를 2005년도에 만들었고 2009년도에 다시 보완했다. 이 피라미드에서는 단순한 열량섭취보다는 건강 및 영양의 관점에서 균형 잡힌 식품들에 대한 정보와 도움이 되는 안내를 제공하고 있다.

이 피라미드에서는 다크초콜릿도 치료의 특성을 기반으로 해서 추천하고 있는데 코코아를 60% 이상 함유하고 있는 다크초콜릿을 하루에 평균 28g 이상, 일주일에 198g까지 먹는 것을 권장하고 있어서 상당히 많은 양의 다크초콜릿을 권장하고 있다.

위에서 살펴 본 모든 연구들에서 공통적인 것은 다크초콜릿이 밀크초콜릿이나 화이트초콜릿보다 몸에 좋은 유효성분이 많아 섭취를 권장하고 있다는 것이다. 초콜릿에 들어 있는 밀크나 설탕이 아닌 카카오 물질이 몸에 좋다는 것이 공통적인 것이다.

현재까지 정확하게 하루의 초콜릿 섭취량이 정해진 것은 아직 없다. 초콜릿에는 그 종류도 다양해서 화이트초콜릿부터 밀크초콜릿, 그리고 다크초콜릿에 이르기까지 유형도 다르고 같은 유형이라 할지라도 초콜릿마다 원료도 다르고 구성비율도 다르고 제조사별로 제조 공정도 다르다. 그러기 때문에 플라바놀이나 플라보노이드 함량도 모두 다르다고 할 수 있기 때문이기도 하다.

# 5부

# 초콜릿이 정말 건강에 좋은가요?

# 48

# 초콜릿과 카페인

일반적으로
코코아분말에는
0.3% 전후의 카페인이
들어 있고
코코아버터에는
거의 없는데,
보통 건조한 커피빈에
들어 있는 카페인 함량에
비하면 카카오 빈의
카페인 함량은
아주 적은 편이다.

카페인이 들어 있다고 해서 초콜릿을 꺼리는 사람도 있다. "초콜릿에 카페인이 얼마나 들어 있어요?"라고 묻기도 한다.

카페인은 커피나 차 같은 일부 식물의 열매, 잎, 씨앗 등에 함유된 알칼로이드의 일종이다. 알칼로이드란 식물계에 존재하는 함질소 염기성 화합물모르핀, 코카인, 니코틴 등로 구조는 2개의 산소분자가 퓨린 purine환에 결합한 크산틴xanthine에 몇 개의 메틸기가 붙은 메틸크산틴 류methylxanthines이다. 메틸기의 위치와 수에 따라 테오필린theophylline, 테오브로민theobromine 등이 있으나 효능은 비슷하다. 카페인은 흰색의 결정으로 냄새가 없고 쓴맛이 나며 뜨거운 물에 잘 녹으며 인체 내

| 상품 | 제공량(g) | 카페인 (mg)* | 테오브로민 (mg)* |
|---|---|---|---|
| 밀크초콜릿 | | | |
| HERSHEY'S BLISS Milk Chocolate | 6조각(pieces) (43g) | 12 | 81 |
| HERSHEY'S KISSES Brand Milk Chocolates | 9조각(pieces) (41g) | 9 | 61 |
| HERSHEY'S Milk Chocolate | 1.55oz (43g) | 9 | 64 |
| HERSHEY'S Milk Chocolate with Almonds | 1.45oz (41g) | 7 | 50 |
| DAGOBA Organic Milk Chocolate (37% Cacao) | ½개(bar) (40g) | 9 | 53 |
| SCHARFFEN BERGER 41% Cacao Milk Chocolate | ½개(bar) (43g) | 17 | 139 |
| 다크초콜릿 | | | |
| DAGOBA Organic Dark 59% Semisweet Chocolate | ½개(bar) (40g) | 26 | 216 |
| HERSHEY'S BLISS Dark Chocolate | 6조각(pieces) (43g) | 25 | 215 |
| SCHARFFEN BERGER 62% Cacao Semisweet Chocolate | ½개(bar) (43g) | 30 | 252 |
| SCHARFFEN BERGER 82% Cacao Extra Dark Chocolate | ½개(bar) (43g) | 42 | 367 |
| SPECIAL DARK Mildly Sweet Chocolate | 1.45oz (41g) | 20 | 176 |
| 기타 | | | |
| HERSHEY'S Miniatures, Assorted | 4조각(pieces) (45g) | 4 | 41 |
| REESE'S Peanut Butter Cups | 2컵(cups) (42g) | 4 | 26 |
| REESE'S PIECES Candy | 51조각(pieces) (40g) | 0 | 0 |
| TWIZZLER Chocolate Twists | 4조각(pieces) (45g) | 4 | 41 |
| YORK Peppermint Pattie | 1조각(piece) (39g) | 6 | 53 |

| 베이킹 또는 식료품 제품 | | | |
|---|---|---|---|
| HERSHEY'S Cocoa | 1수저(tbsp)<br>(5g) | 8 | 100 |
| HERSHEY'S Semi-sweet<br>Chocolate Chips | 1수저(tbsp)<br>(15g) | 7 | 55 |
| HERSHEY'S SPECIAL DARK<br>Cocoa | 1수저(tbsp)<br>(5g) | 8 | 96 |
| HERSHEY'S SPECIAL DARK<br>Mildly Sweet Chocolate Chips | 1수저(tbsp)<br>(15g) | 7 | 64 |
| HERSHEY'S Syrup | 2수저(tbsp)<br>(39g) | 5 | 64 |
| HERSHEY'S Unsweetened<br>Chocolate Baking Bar | 1블록(block)<br>(14g) | 17 | 157 |

*카페인과 테오브로민의 양은 코코아빈의 성장 조건과 품종 등 다양한 자연 조건에 의해 달라집니다.

• 미국 허쉬사 홈페이지에 게재된 초콜릿 제품별 카페인과 테오브로민 함량

에서는 간의 마이크로좀 효소에 의해 분해되어 신장을 거쳐 12~24시간 이내에 소변으로 배출된다. 카페인의 혈중 농도는 섭취 후 15~45분 사이에 가장 높다.

카카오 빈에는 약 0.1~0.7%의 카페인이 들어 있는데 일반적으로 0.2% 정도가 들어있다. 카카오 빈의 껍질에는 알맹이보다 적어서 약 0.05~0.3% 정도가 들어 있다. 카카오 빈을 가공하는 과정에서 껍질은 제거되고 알맹이만 가공한 코코아분말에는 0.3% 전후의 카페인이 들어 있고 코코아버터에는 거의 없다고 볼 수 있다. 보통 건조한 커피 빈에 들어 있는 카페인 함량이 1.2% 정도인 것에 비하면 카카오 빈의 카페인 함량은 아주 적은 편이다.

카페인은 코코아버터에는 거의 없고 코코아매스에 많이 들어 있고 코코아매스보다는 코코아분말에 더 많이 들어 있다. 따라서 다크초콜릿보다는 밀크초콜릿에 카페인이 적게 들어 있고 화이트초콜릿은 거의 들어 있지 않다고 볼 수 있다. 카페인과 구조가 비슷한 테오브로민은 카카오에 함유되어 있다. 카페인과 테오브로민의 함량은 재배 조건과 카카오 빈의 품종 등에 따라 차이가 있다.

### ✕ 쉬어 가기 ✕

카페인의 역할 중 카카오 나무의 번식과 보호에 관련된 재미있는 것이 있다. 카카오 나무는 야생동물에 의해서 그 씨앗이 퍼진다. 카카오 빈을 둘러싼 카카오 포드는 단단해서 잘 깨지지 않을 정도이다.

그런데 이 카카오 포드에는 달콤한 하얀 펄프 물질이 담겨 있는데 마치 연한 레모네이드와 같은 맛을 낸다. 쥐나 원숭이 그리고 다른 야생동물들은 이 달콤한 펄프 물질을 먹기 위해 온갖 방법을 동원해서 단단한 카카오 포드를 깨뜨린다. 만일 야생동물들이 카카오 포드 안에 있는 카카오 빈까지 먹어버리면 카카오 나무는 번식하지 못 할 것이다.

어떻게 하면 카카오 포드는 깨뜨리게 하면서도 카카오 빈은 먹지 못하게 보호할 수 있을까? 그 한 가지로 기발한 방법이 있는데 단단한 섬유질로 된 껍질로 카카오 빈을 둘러싸는 것이다. 또 동물들이 먹지 못하게 하는 여러 가지 물질을 카카오 빈에 함유하는 것이다. 그중 하나가 탄닌류 물질로 아주 떫어서 맛없게 하는 역할을 한다.

결국 야생동물들은 카카오 포드는 제거해 주고 카카오 빈은 먹지 못함으로써 카카오 나무의 전파에 기여하는 것이다. 탄닌 외에도 카페인과 테오브로민도 카카오 빈의 보호에 일익을 담당한다.

# 49
## 초콜릿과 당뇨병

연구에 따르면 카카오나 다크초콜릿에 있는 플라보노이드의 적절한 섭취는 신체가 인슐린을 효율적으로 사용하도록 돕는다고 한다. 무엇보다 중요한 것은 건강한 라이프 스타일이다.

초콜릿에는 설탕이 많이 함유되어 있어서 혈당을 증가시키므로 당뇨병에 좋지 않다는 말을 하는 사람도 있고 급하게 혈당이 필요할 때 초콜릿이 아주 좋기 때문에 비상 식품처럼 가지고 다니는 것이 좋다고 말하는 사람도 있다. 과연 어느 쪽이 옳은 것일까?

인체에 있는 인슐린은 췌장에서 생성되어 세포가 혈액으로부터 당을 흡수하는 것을 도움으로써 세포가 당을 근육에 필요한 에너지로 전환시키는 것을 돕는다. 당뇨병의 초기 단계에서는 세포가 인슐린에 저항성을 가져서 이러한 작용을 하는 것을 어렵게 한다. 그래서 인슐린을 주사함으로써 혈액에서의 당을 높여주게 되는 것이다.

당뇨병 가운데 1형은 대개 몸이 인슐린을 만들지 못하는 것 때문에 생기는데 공통적으로 어릴 때 발생한다. 2형은 보통 성인기에 발생하는데 몸이 인슐린을 너무 적게 만들거나 생성된 인슐린이 적절하게 작동하지 못함으로 발생한다. 2형의 당뇨병은 비만이나 빈곤한 식품 섭취 등이 원인이 되는 경우가 많다.

많은 연구자가 초콜릿과 당뇨병의 관계에 대해서 실험과 관찰을 한 것도 그만큼 관심이 많은 대상이기 때문일 것이다. 그런 많은 연구 결과에 따르면 다크초콜릿이 2형 당뇨병의 발전을 저해하는 것을 돕는다고 한다. 더욱 정확하게 말한다면 다크초콜릿에 있는 플라보노이드가 세포들의 정상적 기능을 도움으로써 인슐린 저항성을 감소시킬 수 있기 때문이다. 즉, 카카오나 다크초콜릿에 있는 플라보노이드의 적절한 섭취가 항산화, 항염증anti-inflammatory, 항응고anti-clotting 효과를 통해 신체가 인슐린을 효율적으로 사용할 수 있는 능력을 되찾게 해준다는 것이다. 다만 이러한 조사가 당뇨병의 직접적 발생에 대한 것을 관찰한 것이라기보다는 인슐린 저항성에 대한 조사임을 유념해야 할 것이다.

플라보노이드는 카카오뿐만 아니라 와인이나 허브, 베리류와 차 등에도 존재한다. 중요한 것은 효과적인 물질은 초콜릿보다는 플라보노이드라는 것이다. 그러므로 초콜릿 중에서도 플라보노이드가 많은 초콜릿을 섭취하는 게 좋으므로 밀크초콜릿이나 화이트초콜릿보다는 다크초콜릿이 좋다고 볼 수 있다.

여기서 한 가지 주의 깊게 살펴보아야 할 사항이 있다. 플라보노이드가 당뇨병의 발생 위험을 감소시키는 것을 직접적으로 증명하기는 쉽지 않다는 것이다. 플라보노이드 섭취와 관련하여 식생활에 대해 관찰해 볼 수 있는데 예를 들어 플라보노이드가 많이 들어 있는 식품을 섭취하는 사람은 일상생활에서도 주기적인 운동과 같은 더 건강한 라이프 스타일을 가지는 경향이 있다고 한다. 건강을 위해서 먹는 것에 주의하는 사람은 행동에서도 건강을 위해 신경을 쓴다는 것이다. 따라서 식품에 함유된 플라보노이드가 영향을 줄 수도 있겠지만 건강한 라이프 스타일이 인슐린 저항성을 낮추는데 기여한다고 볼 수도 있다는 것이다.

어떠한 질병 발생 위험성에 관련된 요소를 특정 원인에 제한시키는 것은 조심해야 할 사항이다. 얼마든지 제2, 제3의 요소가 있을 수 있기 때문이다. 그것도 식이적인 부분 외에 비식이적인 부분도 얼마든지 있을 수 있다. 2형 당뇨병은 종종 비만과도 큰 연관성을 가지고 있다. 가장 바람직한 것은 좋은 식품과 주기적인 운동을 같이 실행하는 것이다.

다크초콜릿은 혈당지수glycemic index, GI가 낮아서 혈당 수준에서 커다란 스파이크spike를 일으키지 않는다. 그렇지만 당뇨병이 있어서 치료를 받는 사람이 새로운 식품 등을 섭취할 때는 의학적인 부분을 고려해서 의사 등의 상담 등을 거치는 것이 바람직하다. 초콜릿을 먹으면 혈당을 상승시키는 영향을 미치므로 당뇨병이 있는 사람은 섭취량을 조심해야 하고 체중에 문제가 없으면서 당뇨병이 있는 사람은 운동 전에 초콜릿을 먹는 게 적절하다고 한다. 초콜릿에 있는 설탕을 말티톨이나 솔비톨 같은 당알코올로 대체하는 것은 바람직하다. 다만 지나친 양의 당알코올 섭취는 설사 등을 가져올 수 있으므로 섭취량에 주의해야 한다.

> ✄ Tip: 혈당지수 ✄
>
> 혈당지수Glycemic index, GI란 어떤 식품에서 일정한 양의 탄수화물을 섭취한 후의 혈당 상승 정도를 같은 양의 포도당 또는 흰 빵 같은 표준 탄수화물 식품 섭취 후의 혈당 상승 정도를 기준(100)으로 비교해 어떤 식품이 혈당을 얼마나 빨리, 많이 올리느냐를 나타내는 수치다.

# 50
## 초콜릿과 다이어트

초콜릿이
다이어트에 직접적으로
효과를 있다는
연구 결과도 있지만
중요한 것은
초콜릿의 건강하고
균형 있는 섭취이다.
이는 모든 식품이
마찬가지이다.

초콜릿을 먹으면 살이 찐다는 것은 아주 오래되고 일반화된 이야기인데 정말 그럴까? 미국 호프스트라 대학교Hofstra University의 유커Yuker가 1997년에 미국의 대학생들을 대상으로 초콜릿에 대한 생각을 조사한 결과는 달다는 사람이 91%였고 살찐다고 생각하는 사람이 81%, 에너지를 준다는 사람이 60%, 건강에 좋지 않다는 의견이 54%, 그리고 좋다는 의견이 50%였다. 초콜릿 소비량이 많은 미국의 대학생들도 초콜릿을 먹으면 살이 찐다는 생각을 가지고 있다.

먹는 것은 먹고 싶은 마음에 부응하는 행동이다. 초콜릿에 들어있는 카페인이나 테오브로민은 교감신경에 영향을 주면서 다른 한편으로는 부교감신경의 활동을 억제함으로써 소화기관도 잠잠해지고 조금만 먹어도 포만감을 주면서 '뭔가를 먹고 싶은 마음'이 일어나지 않게 만든다.

일본 여자영양대학 의화학 연구실의 야스다 가즈토安田和人 교수의 조사에 따르면 카카오함량 70% 이상인 초콜릿을 먹은 후 렙틴leptine 함유량의 변화를 조사한 결과 렙틴 증가 효과 및 중성지방 감소 효과가 나타났다. 렙틴은 체내 지방조직에서 분비되는 식욕 억제 물질이다.

코코아버터의 주성분인 스테아르산은 저칼로리이고 흡수율도 낮아 살이 찔 염려가 적다. 또 카카오에는 마그네슘이 들어 있어 정신을 안정시켜 스트레스로부터 지켜주고 당질, 지방대사와 연관이 있기 때문에 다이어트 중인 사람에게 도움이 된다.

카카오섭취는 간과 백색 지방세포에서의 지방산 합성에 관여하는 효소 발현 유전자의 발현을 억제하고 백색 지방세포에서의 지방산 수송에 관여하는 유전자의 발현을 감소시킨다.

식사를 80% 정도만 하고 식후에 단것을 먹으면 즉시 혈당치에 영향을 주어 뇌로부터 만복 신호를 내기 때문에 과식을 방지한다. 거꾸로 식전의 공복 때에 단것을 먹으면 혈당치가 올라가서 식욕이 감퇴한다. 이것은 혈당치만의 문제가 아니고 갑자기 단것을 먹으면 위가 당 반사를 일으켜 휴식상태가 되어 연동운동을 멈추어 버려서 일어나는 현상이다.

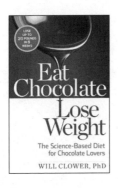

● 초콜릿으로 체중조절을 이야기하는 책들
좌:『Eat Chocolate Lose Weight』(MeliaPublishingServices )
우:『초콜릿 다이어트』(고려원북스)

이웃나라 일본에서는 아나운서 출신의 유명 연예인이 발간한 '초콜릿 다이어트'라는 책이 화제를 모으며 하이카카오 제품이 여성들의 편안한 다이어트 소재로 애용된 적도 있었다.

초콜릿에는 미용과 건강에 빠질 수 없는 식물섬유가 들어 있는데 카카오나 초콜릿에는 리그닌을 주체로 하는 식물섬유가 다량으로 함유되어 있다. 리그닌은 혈압상승을 억제하고 혈청 콜레스테롤 농도의 상승을 억제한다고 한다.

호주의 버클리 교수에 의하면 고지방 식품을 먹으면서 녹차에 들어 있는 폴리페놀을 섭취하면 몸에 지방이 축적되는 것을 막을 수 있어 몸무게를 줄이기 위해 폴리페놀을 섭취하면 분명히 몸무게가 빠진다고 했다. 카카오에 있는 폴리페놀도 이런 역할을 한다고 볼 수 있다.

# 51

## 초콜릿과 체중조절

초콜릿이 몸에 좋다고
초콜릿을 마음껏 먹어도
좋다는 것은 아니다.
초콜릿을 적당히 먹는
것은 괜찮지만,
지나치게 많이 먹으면
설탕과 지방 때문에 몸에
해로울 수 있다.

초콜릿을 먹으면서도 날씬해질 수 있다는데 정말일까? 초콜릿을
먹으면 살이 찐다는 생각을 많이 한다. 초콜릿만 그런 것은 아니고 일
상적으로 먹는 밥도 많이 먹으면 살이 찐다고 해서 적게 먹으라는 말
을 많이 듣는다. 심은 대로 거두는 게 세상의 법칙이므로 어떤 음식이
든지 지나치게 먹으면 부작용이 따를 수 있다. 그러므로 어떤 식품을
먹을 때는 먹을 수 있는지의 여부뿐만 아니라 어떻게 또 얼마나 먹을
것인가도 중요하다.

초콜릿과 체중과의 관계에 대한 하나의 연구를 소개하고자 한다.
미국의 연구진이 캘리포니아 남부에 사는 1000명의 성인을 대상으로 주당 초콜릿 섭취 횟수와 식단, 열량 섭취, 체질량지수Body Mass Index, BMI를 분석했다. 체질량지수는 비만을 측정하는 방법의 하나인데 체중(kg)을 신장(m)의 제곱으로 나눈 값으로서 수치가 클수록 비만도가 크다. 조사에서 자주 초콜릿을 먹는 사람들이 더 많은 열량을 섭취했는데 연구진 조사에 의하면 초콜릿 섭취 횟수와 체중 감량 사이의 연관성이 확실하게 증명된 것이 아니기 때문에 주의가 필요하다고 밝혔다.

연구진은 초콜릿의 섭취량보다는 섭취 횟수가 체중 감소에 중요한 연관성을 가지는 것으로 보고 있다. 연구의 총책임자 비어트리스 골롬브Beatrice Golomb교수는 적은 양의 초콜릿을 주중 5일 섭취하는 것이 체질량지수를 낮추는 것과 연관이 있었다고 했다. 또 열량을 더 많이 섭취하고, 운동을 다른 참여자보다 많이 하지 않았는데도 이런 결과가 나왔다고 말했다. 아울러 섭취하는 열량의 수치가 아닌 열량의 구성이 우리 몸의 체중에 영향을 미친다고 덧붙였다.

초콜릿은 이전에도 건강에 좋다는 연구결과가 있었다. 특정 종류의 초콜릿은 혈압을 낮추고 인슐린 혈당조정 능력을 향상시킨다고 알려져 있다. 특히 다크초콜릿에 함유된 항산화물질은 몸에 좋지 않은 활성산소를 막아준다고 한다. 연구진은 초콜릿에 함유된 항산화물질 카테킨이 순수 근육 부피를 늘리고 체중을 감소시키는 것으로 보고 있다. 실제로 다크초콜릿에 함유된 에피카테킨을 쥐에게 15일간 투여하자 활동능력이 향상되고 근육구성의 변화가 관찰됐다고 한다. 그러나 인체를 대상으로 임상실험을 실시해야 정확한 결과를 얻을 수 있을 것이다.

초콜릿이 몸에 좋다고 초콜릿을 마음껏 먹어도 좋다는 것은 아니다. 전문가들은 아직 결정적인 증거가 없기 때문에 주의가 필요하다고 조언했다. 초콜릿을 적당히 먹는 것은 괜찮지만, 지나치게 많이 먹으면 초콜릿의 설탕과 지방 때문에 몸에 해로울 수 있다는 것이다.

영양학자들은 굳이 먹는다면 보통크기(40g, 220cal) 이하의 초콜릿이 괜찮다고 말했다. 또한, 식단을 바꾸려 한다면 차라리 신선한 과일과 채소를 먹는 것이 이익일 것이라고 밝혔다. 이런 연구는 미국의 ≪Archives of Internal Medicine≫에 실렸다.

# 52 초콜릿과 변비

초콜릿이 변비에
영향을 미치는 이유가
완전히 규명되지는
못했지만
초콜릿에 들어 있는
유지와 식이섬유 등이
소화에 영향을 미치는
것으로 생각된다.

초콜릿은 변비를 일으키는가 아니면 변비를 해소시키는가? 부모들이 자녀에게 초콜릿을 많이 먹으면 변비에 걸린다고 말하는 것이 맞는 말일까? 어떤 사람은 초콜릿이 변비를 일으키는 명백한 증거가 있다고 한다. 만성 변비나 과민성대장증후군을 가지지 않은 사람들에 비해 이러한 증상들을 가진 사람들은 초콜릿이 변비를 일으킨다는 의견에 더 긍정적이라는 연구도 있다. 또 어떤 사람들은 초콜릿은 변비를 일으키지 않는다고 한다. 특히 과민성대장증후군을 가지고 있는 사람에게는 초콜릿이 변비에 도움이 된다는 주장도 있다. 이처럼 초콜릿과 변비의 관계에 대해서는 상반된 의견이 있다.

변비는 배변에 장애가 있거나 장에서의 전이가 느려진 경우에 발생한다고 한다. 바꿔 말하면 소화 후에 노폐물이 이동하는 데 어려움이 있고 대장 운동에 불편이 있거나 배변을 위한 대장을 운동시키는 근육이나 신경에 문제가 있는 것이 변비이다. 배변 장애는 대개 적절치 못한 음식물 선호와 충분한 양의 물을 마시지 못했을 때 일어난다.

초콜릿이 변비에 영향을 준다는 이유를 완전히 규명하지는 못했지만 초콜릿에 들어 있는 많은 양의 유지가 소화를 지연시키기 때문이라는 의견이 있다. 즉 유지가 근육 수축을 느리게 해서 음식물이 대장을 통해 움직이는 것을 지연시킨다는 것이다.

초콜릿과 변비에 관련해서 흥미로운 성분은 카카오에 들어 있는 마그네슘과 탄닌 성분 그리고 식이섬유이다. 카카오에는 많은 마그네슘 성분이 들어 있는데 마그네슘은 소화를 촉진시키고 적절한 배변을 돕는데 아주 중요한 역할을 한다는 것이다. 따라서 마그네슘이 들어 있는 카카오가 배변에 도움이 된다고 볼 수 있다. 카카오의 탄닌은 장운동을 자극하고 식이섬유는 대장 운동을 촉진시킨다.

---

**✂ Tip: 과민성대장증후군 ✂**

과민성대장증후군은 소화기관의 질환 중 흔한 질환의 하나로서, 다른 질환이나 해부학적 이상 없이 대장 근육의 과민해진 수축운동 기능 장애로 인해 발생하는 증상들을 통틀어 말한다.

성인이 아닌 소아에 있어서 변비에 대한 연구는 적은데 2006년에 스페인의 영양학자인 헤마 카스티예호Gemma Castillejo 등이 변비 진단을 받은 소아 환자들에게 식이섬유가 풍부한 카카오의 껍질을 섭취시킨 그룹과 위약placebo을 섭취시킨 대조군을 비교하였다. 조사 결과 카카오 껍질을 섭취한 그룹이 대조군보다 체류시간이 더 짧고 대장 운동의 횟수가 증가하여서 단단한 대변이 감소하였다고 한다. 즉, 카카오 껍질에 있는 식이섬유가 변비 증상 완화에 효과가 있다는 결론을 내리고 있다.[3]

---

3) Gemma Castillejo, Mònica Bulló, Anna Anguera, Joaquin Escribano and Jordi Salas-Salvadó, *Pediatrics*, 2006, 118: 641~648.

초콜릿을 먹고 또 먹는
이유는 분명하지는 않지만
초콜릿 탐닉은
종합적인 감각적 기쁨에서
온다고 한다.
초콜릿을 먹으면서
기대했던 기쁨과
먹고 난 뒤의 보상감이
잘 어울리며
향과 맛과 촉감이
만족을 준다는 것이다.

**왜** 사람들이 초콜릿을 지속적으로 먹는가에 대해서는 다양한 논

란이 있다. 어떤 대상을 지나치게 좋아하는 것을 표현하는 용어 중에

탐닉과 중독이라는 표현이 있는데 이 두 용어에 대해서 잘 이해하고

구분할 필요가 있다. 간호학대사전에 있는 약물 탐닉drug addiction이

란 어떤 약물을 지속적 또는 간헐적으로 계속 사용한 결과 발생한 상

태로 그 약물을 계속 섭취하고 싶은 강한 욕구 및 의존과 함께 내약성

즉 약물사용량이 증대하는 것을 말한다. 같은 사전에서 중독addition은

마약, 각성제, 알코올 등의 약물이나 기호품을 사용하는 것이 습관이

되고 그것을 멈추면 자각적, 타각적으로 불쾌한 정신증상, 또는 금단

증상인 신체증상이 나타나 끊지 못하는 상태를 말한다. 금단증상의 내용과 정도는 사용하는 대상물에 따라서 다르다. 일반적으로 중독 물질은 사용하고 있으면 차츰 내성이 생기고 사용량을 늘리지 않으면 안 될 경우가 많다. 최근 중독에 대신해서 의존이라는 말이 사용된다. 약을 먹을 때를 예로 들어서 약물 복용과 약물 탐닉, 그리고 약물 중독을 생각한다면 구분이 되리라 본다.

이러한 사전적 의미에 비추어 초콜릿 탐닉이나 초콜릿 중독이란 말을 살펴보면 그 상태는 우리가 일상적으로 초콜릿을 많이 먹는 것과는 크게 다르다는 것을 알 수 있다. 탐닉이나 중독 상태는 우리들이 보통 생각하는 섭취의 경계선을 넘는 것으로 이해할 수 있는데 그 대표적인 증상은 섭취량이 증대되는 것이다. 초콜릿에 의존하는 정도가 심해 먹는 양을 스스로 조절할 수 없을 정도라면 탐닉이나 중독을 의심해볼 수도 있을 것이다.

탐닉이나 중독은 아니지만 초콜릿을 즐겨 먹는다면 어떤 것들이 초콜릿에 끌리도록 만드는 것일까? 초콜릿에 있는 어떤 물질이 뇌에서 세로토닌이나 도파민 같은 기분을 좋게 하는 화학물질을 유도시켜 심리적인 활성을 가져온다는 말도 있다. 다른 주장으로는 여자의 월경 등에서 높아진 마그네슘이나 철의 부족이 마그네슘과 철이 많이 들어 있는 초콜릿을 찾게 만든다고 한다. 그렇지만 아직 초콜릿 탐닉에 대한 분명한 증거는 없다.

• 아난다마이드의 분자구조

BBC 뉴스에 따르면 초콜릿 탐닉은 종합적인 감각적 기쁨에서 온다고 한다. 초콜릿을 먹으면서 기대했던 기쁨과 먹고 난 뒤의 보상감이 잘 어울리며 향과 맛과 촉감이 만족을 준다는 것이다.

카카오에 들어 있다는 500여 성분 중 아난다마이드anandamide는 초콜릿 탐닉의 원인으로 의심받는 물질이다. 아난다마이드가 행복감을 일으키는 대뇌의 수용체와 결합하기 때문이라고 한다. 향정신적 물질의 주성분은 테트라하이드로칸나비놀tetrahydrocannabinol, THC이고 뇌 속에는 이것에 반응하는 수용체가 있다. 초콜릿 속의 아난다마이드도 테트라하이드로칸나비놀 수용체를 활성화한다고 한다. 그러나 초콜릿을 먹어 향정신적 물질과 같은 효과를 내려면 한번에 약 7kg의 초콜릿을 먹어야 할 만큼 초콜릿에 함유된 아난다마이드는 극미량에 불과하여 초콜릿 1g 당 수 $\mu$g에 불과하다.

# 54 초콜릿과 치아건강

카카오에는 설탕의
산 형성 능력을 저해하는
능력이 있으므로
충치가 염려된다면
카카오 성분이
많이 들어 있고
설탕이 적게 들어 있는
다크초콜릿을
섭취하는 것이
더 바람직하다.

초콜릿을 먹으면 충치를 일으킨다고 생각하는 것은 밥을 많이 먹으면 배가 나온다고 하는 것처럼 일반적인 인식이다. 그래서 자녀들의 충치를 걱정해서 초콜릿을 먹지 말라고 하는 부모도 많이 있다. 정말 초콜릿은 충치의 주범일까?

우선 충치가 발생하는 원인에 대해서 정확하게 이해할 필요가 있다. 충치는 단것을 먹기 때문이 아니고 충치균이 당류 등을 이용해서 증식하기 쉬운 상태가 계속되기 때문에 생긴다. 따라서 충치균이 이용할 수 없는 당류를 사용해서 충치를 일으키지 않게 하는 식품들도 개발되어 있다.

초콜릿에도 카카오 성분 외에 밀크류와 설탕 같은 당류가 얼마든지 충치에 영향을 줄 수 있다. 설탕에 의한 충치 발생 우려성은 거의 모든 식품에 있다고 볼 수 있고 식품을 섭취하면서 충치를 염려하기 때문에 먹지 못 한다면 우리가 섭취할 수 있는 식품은 아주 제한적일 것이다.

그렇다면 초콜릿은 충치에 나쁜 영향만을 주는 것일까? 초콜릿의 주원료인 카카오에는 충치에 저항적인 물질이 많이 함유되어 있다. 예를 들어 테오브로민은 치아의 에나멜을 단단하게 만들어 준다. 따라서 카카오 섭취를 통해서 테오브로민을 공급해 주면서 적절한 치아 위생과 병행하면 충치의 위험성을 줄일 수 있다. 카카오의 추출물이 치석을 억제한다는 보고도 있다. 코코아매스뿐만 아니라 카카오의 외피에도 충치를 막는 효과가 있다. 여기에 적당한 초콜릿의 유형으로는 카카오 성분이 많은 제품이 적합하다.

초콜릿은 흔히 치아를 상하게 한다고 알려져 있지만, 일본 오사카 대학의 오시마 다카시大島隆 박사는 '카카오 콩의 껍질에 충치를 발생시키는 구강 내 세균의 성장을 방해하는 성분이 있다'고 발표했다. 또 초콜릿에 들어 있는 탄닌과 카카오폴리페놀은 구강 내 세균 번식을 막아 충치를 예방하는 데 효과가 있다. 초콜릿에 있는 코코아버터가 치아를 코팅하여 플라그의 형성을 방지해 준다는 연구결과도 있다.

그렇지만 초콜릿에 있는 설탕이 충치를 일으킬 수 있는 것은 사실인 만큼 섭취에 주의가 필요하다. 또 하나 다행스러운 점은 초콜릿은 입안에서 빨리 녹기 때문에 다른 음식물보다 오랫동안 입안에 남아 있지 않는다는 것이다.

미국 보스턴의 포사이스 치과센터Forsyth Dental Center와 펜실베이니아 치과대학의 연구에 의하면 카카오와 초콜릿은 설탕의 산 형성을 저해하는 능력을 갖추고 있다고 한다. 그러므로 충치가 염려된다면 가능하면 카카오 성분은 많이 들어 있고 설탕이 적게 들어 있는 다크 초콜릿을 섭취하는 것이 더 바람직하다.

# 55 초콜릿과 감기 그리고 알레르기

초콜릿은 여러 가지 원료가 혼합되어 있는 복합적인 제품으로 초콜릿 제품의 원료를 표시할 때는 알레르기를 일으킬 수 있는 물질을 포장재에 표시하고 있으니 알레르기가 우려되는 사람은 제품의 표시사항을 확인할 필요가 있다.

초콜릿 포장재에 알레르기 원료가 표시된 것을 보았을 것이다. 우리나라에서도 법적으로 알레르기를 유발할 수 있는 성분에 대해서는 의무적으로 표시하도록 되어 있다.

알레르기에는 불안, 정신적 혼란, 두통, 두드러기, 과민증상, 메스꺼움, 습진, 가려움, 눈물, 코흘림, 재채기, 천명, 기침, 속쓰림, 호흡곤란 등 여러 가지 증상이 있다. 이러한 알레르기를 일으키는 물질을 특정 성분만으로 한정하는 것은 어려우며 우리가 알지 못하는 유발 원인이 얼마든지 있을 수 있다. 또 특정 성분에 대해서도 사람마다 반응이 다르기 때문에 알레르기 유발 식품이 함유되어 있다고 해서 모든 사람에게 알레르기 반응을 일으킨다고 볼 수도 없다. 식품과 알레르기 반응은 개인의 체험적 특성이 강하다고 볼 수 있다.

초콜릿이 알레르기와 상관이 없다고 할 수 없는 것은 초콜릿은 여러 가지 원료가 혼합되어 있는 복합적인 제품이기 때문이다. 알레르기를 일으킬 수 있는 원료를 포함할 수 있으므로 초콜릿 제품의 원료를 표시할 때는 알레르기를 일으킬 수 있는 물질을 포장재에 표시하고 있다. 예를 들어 전지분유를 사용할 경우에는 '우유'라고 표시하고 있고 콩에서 얻은 레시틴을 유화제로 사용할 경우에는 '대두'라고 표시하고 있다. 알레르기가 있는 소비자는 원료의 표시내용을 확인할 필요가 있다.

알레르기 원료를 의무적으로 표시해야 하는 종류는 국가별로 다르다. 의무적으로 표시하지 않는 원료라고 해서 알레르기가 없다는 것은 아니고 아직 법적으로 표시하도록 되어 있지 않다고 보는 게 더 정확한 이해이다.

현재 우리나라에는 2003년부터 알레르기를 유발할 수 있는 성분을 표시하도록 성분표시제를 도입했는데 현재 13개의 알레르기 유발 식품을 지정해 놓고 있다. 난류, 우유, 메밀, 땅콩, 대두, 밀, 고등어, 게, 새우, 돼지고기, 복숭아, 토마토, 아황산류 등이 의무적으로 표시해야 하는 성분이다. 이전보다 그 종류가 증가했는데 앞으로도 그 종류가 증가하게 될 것으로 보인다.

**Allergy Information**

**Bar A**
May contain traces of milk, peanuts, hazelnuts, almonds, cashews, pistachios, and pecans.
바 A: 미량의 우유, 땅콩, 헤즐넛, 아몬드, 캐슈넛, 피스타치오, 피칸을 함유할 수 있음

**Bar B**
Manufactured on shared equipment with products containing milk, eggs, wheat, peanuts, & tree nuts.
바 B: 우유, 계란, 땅콩, 트리넛츠 등을 함유하는 제품과 같은 설비를 사용하여 제조함

**Bar C**
May contain wheat and almonds.
바 C: 밀과 아몬드를 함유할 수 있음

이 제품은 밀, 계란, 땅콩, 돼지고기를 사용한 제품과 같은 제조시설에서 제조하고 있습니다. • 부정, 불량 식품

• 초콜릿 알레르기 표시 예

이런 알레르기 유발성분을 직접으로 포함하지 않았더라도 같은 제조설비를 사용하는 등 제조 과정에서 알레르기 물질이 혼입될 가능성이 있는 경우에는 그 내용을 제품에 표시하고 있는데 예를 들어 "본 제품은 땅콩을 사용한 제품과 같은 시설에서 제조하고 있습니다" 같은 알림문 등으로 소비자에게 그 내용을 알리고 있다. 제품에 직접적으로 알레르기 물질이 사용되지 않지만, 제조 과정에서 환경적으로

땅콩 성분이 혼입될 가능성이 있다(외국 제품에서는 'may contain'이라고 표시한다)는 것을 알려주는 것이다.

초콜릿의 주원료인 카카오가 알레르기를 일으킨다는 문헌은 아직 없다. 초콜릿을 먹고 알레르기가 생겼다면 카카오 외의 다른 원료로 인한 것이라고 보는 게 맞지 않을까 한다.

일반적으로 유제품은 알레르기를 일으키는 물질로 인식되어 있는데 특히 어린이에게서는 더욱 그러하다. 유당의 경우에는 유당불내증lactose intolerance을 가진 사람도 있는데 분유와 같은 밀크 성분에는 유당 성분이 포함되어 있다. 그래서 초콜릿 제품 중에는 밀크 성분을 포함하지 않았다고 표시한 제품도 있다.

초콜릿의 유형별로 사용된 원료의 소재가 다르므로 알레르기를 일으키는 원료를 함유하지 않은 초콜릿을 먹는 것도 한 가지 방법이다. 밀크초콜릿보다는 카카오 성분 외의 다른 성분이 적을 수 있는 다크초콜릿이 알레르기를 일으키는 물질이 상대적으로 더 적다고 볼 수 있지 않을까?

카카오에 들어있는 카카오폴리페놀은 면역조절 기능이 인정되고 있고 감기 예방, 알레르기 억제효과 또한 기대되고 있다. 또 카카오폴리페놀에 포함되어 있는 플라보노이드에는 심근경색 등의 심장질환을 억제하는 작용도 인정되고 있다. 테오브로민은 기침을 일으키는 미주신경의 활동을 억제하여 효과를 발휘하고 다른 기침약들과는 달리 심장혈관이나 중추신경계에 대한 부작용이 없고 졸음 현상과 같은 부작용도 나타내지 않는다고 한다. 폴리페놀은 아토피성 피부염이나 천식 같은 알레르기 질환을 개선하는 효과도 있고 카카오폴리페놀은 항염증 특성을 가지기도 한다.

> ## ✎ Tip: 유당불내증 ✎
>
> 소장의 유당분해효소 결핍 때문에 유당의 분해와 흡수가 충분히 이루어 지지 않는다. 대장 내에서 유당은 수분을 흡인함과 동시에 대장의 세균성 유당분해에 의해 포도당 그리고 유산이 되며 이 때문에 대장의 연동운동이 자극되어 설사, 가스에 의한 복통 등의 증상을 일으킬 수 있다.

카카오에 들어 있는
폴리페놀이나
플라바놀 등은
초콜릿의 쓴맛 성분
이라고 생각되지만
항산화 기능 등이 있어
신체에 좋은 영향을
주기도 한다.

# 56 초콜릿의 쓴맛과 건강

**격**언에 몸에 좋은 약은 입에 쓰다고 했다. 쓴맛 성분의 어떤 것들이 몸에 좋은 것일까? 몸에 좋은 야채류나 견과류에는 파이토뉴트리언트phytonutrients가 들어 있는데 이 말은 식물을 뜻하는 그리스어인 'phyto'와 영양을 의미하는 'nutrient'를 합성한 말이다. 즉, 식물 속에 들어 있는 영양분이라는 의미인데 보통 비타민과 무기물은 포함시키지 않는다.

실제로 얼마나 많은 파이토뉴트리언트가 있는지는 알 수 없지만 과학자들에 따르면 약 5만여 가지가 있으며 현재 약 1천여 개의 물질이 연구되고 있다고 한다.

파이토뉴트리언트는 암과 심장병의 발생 위험을 낮추어 준다고 한다. 파이토뉴트리언트 가운데 식물성 페놀 및 폴리페놀, 플라바놀, 이소플라본, 테르펜 등의 생물학적 활성이 많은 주목을 받고 있다.

미국 임상영양학회에 따르면 파이토뉴트리언트 가운데 전부는 아니더라도 많은 물질이 맛이 쓰고bitter 아린 듯하며acrid 떫은astringent 특성을 가져서 오래전에는 먹기에는 적절하지 않은 것으로 간주되기도 했다. 어떤 것들은 식물성 독소로 인식되기도 했다. 그래서 이런 물질들을 줄이거나 없애는 방향으로 품종이 개선되기도 하고 교배 등이 이루어지기도 했다. 맛은 개선됐겠지만 그 성분들의 좋은 기능은 그만큼 사라진 것이다.

결국, 입맛이냐 몸의 건강이냐에서 무엇을 선택할 것인가의 딜레마이다. 맛과 영양 둘 다 얻을 수 있다면 최상이겠지만 어느 하나를 희생해야 할 경우 무엇을 희생할 것인가는 각자의 선택이다.

식물에서 쓴맛을 내는 성분들은 페놀류phenols나 플라보노이드류flavonoids, 이소플라본류isoflavones, 테르펜류terpenes, 글루코시놀레이트류glucosinolates 등이다. 미국 임상영양학회의 아담 드류나우스키Adam Drewnowski 등의 연구에 의하면 초콜릿의 쓴맛과 떫은 맛은 카테킨류 때문이라는 주장이 있다.

발효된 카카오는 에피카테킨, 폴리페놀류, 안토시아닌류 등을 함유하고 있다. 카카오 빈이 발효하면 카테킨이 폴리머를 형성하고 단백질과 복합체를 형성한다. 발효 카카오 빈의 가장 적합한 관능은 제한된 양의 성분들과 연관되어 나타난다고 했는데 폴리페놀류는 최대 58mg/g, 탄닌류는 31mg/g, 에피카테킨은 3mg/g이라고 제시했다. 이전에는 초콜릿의 쓴맛이 카페인이나 테오브로민 그리고 로스팅 과정에서 발생하는 테오브로민과 디케토피페라진류diketopiperazines의 반응물이 원인이라고 생각했었다.

카카오에 들어 있는 폴리페놀이나 플라바놀 등도 과거에는 이들이 가지는 쓴맛 때문에 설탕 등으로 쓴맛을 감추기도 하고 제조 공정에서 이들의 쓴맛을 줄이기 위해서 많은 노력을 기울였다. 카카오 나무의 교배 과정을 통해서도 이들 성분이 적어 쓴맛이 적은 쪽으로 개선이 진행되어 온 것도 있다.

그런데 최근에는 다크초콜릿이 항산화물질이 많고 심장 건강 등에 좋다는 연구 결과도 계속 나오기도 하고 쓴맛 성분의 기능성이 주목을 받으면서 카카오 함량을 늘리기도 하고 일부러 폴리페놀 성분을 첨가하기도 한다. 그뿐 아니라 그런 성분이 많아지도록 특별하게 카카오를 재배하기도 하고 카카오 빈의 발효 및 건조에서도 새로운 기술을 적용하며 초콜릿 제조공정에서도 이들 성분의 파괴를 최소화하는 방향으로 변화되기도 했다.

57

## 초콜릿과 등산

초콜릿에는 쉽게
에너지가 되는 당분과
천천히 에너지가 되는
코코아버터가
조화롭게 들어 있어
비상 식품으로 좋다.

등산 갈 때 초콜릿 한두 개를 배낭에 넣어 가는 것은 등산의 상식이 된 듯하다. 덩치가 크거나 무거워서 짐이 되지도 않고 유용하니 최적의 비상식품으로 자리 잡은 듯하다. 코르테스가 카카오를 스페인에 가져와서 초콜릿 음료를 소개한 후 유럽의 의사들은 사람이 더운 날씨에 여행 갈 때 초콜릿 음료 외에 다른 식품을 더 가지고 가지 않아도 되는 식품으로 여겼다.

초콜릿은 많은 조난사고에서 인명을 구제해 왔는데 3일간 초콜릿 한 조각으로 17일을 견딘 여성도 있다고 한다. 등산하는 사람들이 캔디나 초콜릿을 준비하는 이유는 군것질을 위한 것이라기보다는 비상

① 산악활동의 목표와 수준을 자신의 체력조건에 맞춘다.

사람마다 심폐기능과 근육의 수축력에는 차이가 있다. 오르고자 하는 산의 높이, 활동 시간 등은 개인의 체력조건에 무리가 되지 않도록 조절해야 한다.

② 복합탄수화물(비스킷, 초콜릿 등)이 풍부한 음식을 먹는다.

등산 활동은 에너지 소모가 많다. 복합 탄수화물은 이를 효과적으로, 신속하게 보충해 주는 수단이다. 등산하는 도중에 수시로 섭취하는 것이 바람직하다.

③ 물을 가능한 자주 마신다.

등산 활동은 심한 근육 운동이므로 열 생산이 증가한다. 목마르는 신호가 없더라도 땀에 의한 상당한 수분 소실은 피할 수 없으므로 계속해서 수분을 보충해 주어야 한다.

④ 등산을 시작하여 처음 30분 동안에는 몸이 워밍업이 될 수 있도록 천천히 오른다.

평상시 운동량을 갑자기 넘어서게 되면 몸에 무리가 가해져 제대로 기능을 발휘할 수 없을 뿐 아니라 때로는 심한 상해를 가져올 수 있다.

⑤ 가능하면 매시간 먹고 마신다.

배고프지 않거나 목마르지 않더라도 조금씩 자주 먹고 마신다. 너무 많이 먹으면 위와 심폐기능에 부담이 가중되어 활동에 지장을 가져올 수 있으므로 섭취량을 적절히 조절한다.

⑥ 피로나 탈진의 증후가 나타나면 오래 쉬거나 부축 받아 하산한다.

탈진 증상이 심하면 저체온증의 가능성도 커진다. 도저히 등산을 계속할 수 없다고 생각될 때에는 동행자와 함께 하산하는 것이 좋다.

⑦ 노약자나 만성질환이 있는 사람은 등산이 적합한지 신중히 검토한다.

협심증 같은 허혈선 심장질환이 있거나 당뇨병, 고혈압같은 만성질환이 있는 사람은 등산에 앞서 응급상황에 대비해야한다. 확신이 서지 않으면 의사와 상의해야 한다.

⑧ 2,000~3,000m 이상에서 숙박한 다음에는 24시간 이내에 300m 이강 고도를 높이는 일을 피한다.

⑨ 아무리 작은 배낭이라도 필수품은 반드시 휴대한다.

당일치기 등산이라 할지라도 뜻하지 않은 돌발 사태에 대비하여 필수품의 휴대가 필요하다. 진통제(아스피린), 지사제, 소독약, 반창고, 압박붕대 정도면 충분하다.

⑩ 사전에 등산로와 날씨에 대해 알아 둔다.

목적지까지 등산로를 사전에 출저하게 조사하고, 일기예보를 참고하여 산의 날씨에 미리 대비해야 한다.

> 등산 중 발생한 쓰레기는
> 모두 되가져 가시어 산 쓰레기
> 수거운동에 동참합시다

### • 초콜릿과 등산은 동반자?

시에 몸을 지탱하게 해 주는 열량공급원이 되기 때문이다. 2013년 7월에 일본 나가노長野현 중앙 알프스에서 발생한 한국인 여행객 조난 사고의 생환자들에 따르면 의식을 잃은 조난객을 발견해 옷을 갈아입히고 우황청심환과 꿀, 초콜릿 등을 먹이자 의식이 돌아왔다고 한다.

제2차 세계대전 때에는 미군 병사들에게 초콜릿이 전투식량으로 공급되기도 했다. 아마도 극도의 스트레스를 받고 높은 에너지가 요청되는 군인들에게 초콜릿이 적절하다고 생각해서였을 것이다. 초콜릿은 달콤해 사람의 입맛을 당기고 잘 녹는 특성이 있지만 오랫동안

전쟁터에 있으면서 휴대하고 먹어야 할 군대의 전투식량으로서는 적절하지 않았으므로 크기도 크고 잘 녹지 않는 초콜릿을 주문해서 만들었다고 한다.

우리나라 환경부에서 제시한 겨울철 안전산행 준비에 따르면 간식과 비상식량을 준비할 것을 권유하고 있다. 산행 중에 배고픔을 느끼지 않게 중간 중간 간식을 먹어야 하며 비상식량으로 초콜릿이나 양갱, 소시지와 같은 칼로리가 높은 것을 준비하고 비상식량은 특별한 일이 없다면 산행을 마칠 때까지 남겨두는 것이 비상식량으로서 의미가 있다고 했다.

이러한 비상식량으로서의 초콜릿의 비밀은 어디에 있을까? 초콜릿에는 곧바로 에너지가 되는 당분과 천천히 에너지가 되는 코코아버터가 조화롭게 들어 있다. 결국 초콜릿은 곧바로 효과가 나타나기도 하고 계속 효과가 유지되는 식품이기 때문에 매력적이다. 저온에서는 오랫동안 품질이 변하지 않고 보존성이 좋으며 크기가 작아서 휴대하기 좋다는 점도 등산이나 긴급 시의 필수품이 된 까닭의 주요 이유이다.

초콜릿에는 여러 영양소가 조화를 이루어 들어 있어서 종합영양식품으로 불리는 것이다. 설탕과 유당의 탄수화물, 카카오 빈의 전분질과 섬유질, 코코아버터 및 식물성 유지로서의 유지, 그리고 단백질, 탄닌, 미네랄도 함유되어 있다.

초콜릿에 있는 설탕 등 당분은 열량이나 충치 등으로 인해 기피되는 성분이기도 하지만 당분은 신경을 부드럽게 하고 피로를 풀어주는 역할을 한다. 따라서 초콜릿은 피로할 때 안정이 필요하거나 신경과민일 때 효과적이다. 이는 피로라는 것이 간장 내 글리코겐의 저장분이 다 소진되고 혈액 중에 당분을 공급할 수 없어 당분치가 내려간 상태이기 때문이다. 당분은 즉각 혈당치를 정상화시키고 피로회복을 촉진하는 효과가 있다. 그래서 외국의 호텔에서는 여행객의 건강을 위하여 베갯머리에 초콜릿을 놓아두기도 한다. 여행의 피로를 초콜릿으로 날려 보내라는 아름다운 배려이다.

등산 중에 초콜릿을 먹는 이유 가운데에는 피로회복과 열량 공급 외에도 뇌를 일깨워서 사고가 나지 않도록 하려는 의미도 있지 않을까?

---

╲ Tip: 한국환경공단의 겨울철 안전산행 준비하기! 중에서 ╲

다섯째! 간식 등 비상식량을 준비하자.
산행 중 배고픔을 느끼지 않도록 간식을 꼭 준비해야 합니다. 초콜릿, 양갱, 소시지, 사탕 등 칼로리가 높은 것을 준비하여야 하고 하산을 마칠 때까지 비상식량은 조금이라도 남겨두는 것이 중요합니다.

# 58

## 조콜릿과 시금치의 철분

코코아고형물에 많이
함유되어 있는 철분
공급을 위해서는
다크초콜릿을 먹는 게
도움이 된다.

시금치와 초콜릿 중 어느 것이 더 많은 철분을 공급해 줄까? 철분은 신체의 모든 부분에 산소를 공급해주는 데 있어서 필수적인 무기물이다. 따라서 일시적으로라도 철분이 부족하면 빈혈이 오고 피로와 허약함이 따르며 만성적으로 철분이 부족하면 조직에도 손상이 올수 있다. 그렇다고 무조건 많은 것이 좋은 것만도 아니어서 너무 많으면 해로운 자유라디칼이 만들어지게 되고 대사를 방해하며 심장이나 간에 손상을 가져올 수도 있다. 인체가 스스로 조절할 능력이 있으므로 철분이 과다할 염려는 없지만, 철분 보충제 등을 지나치게 먹는 것은 조심해야 한다.

| 성분 | 함량 |
|---|---|
| 칼슘 | 101mg |
| 철 | 17.4mg |
| 마그네슘 | 327mg |
| 인 | 400mg |
| 칼륨 | 830mg |
| 아연 | 9.63mg |
| 구리 | 3.23mg |
| 망간 | 4.16mg |
| 셀레늄 | 8.1$\mu$g |

참조: http://www.healthaliciousness.com

● 당을 추가하지 않은 베이킹 초콜릿의 100g당 영양성분

철분은 고기 같은 데서 유래하는 헴heme 유래가 있고 식물에서 유래하는 비헴non-heme 유래가 있는데 흡수는 헴 철분이 빠르지만 비헴 철분이 조절이 잘 되고 신체에서의 손상도 적다고 한다.

천연에서 얻을 수 있는 철분 공급원은 다양한데 굴이나 조개, 홍합 같은 연체동물에 많이 들어 있고 동물의 간과 아몬드 같은 견과류와 호박씨 등에도 많이 있다. 철분이 많이 들어 있는 식품으로 카카오도 빼놓을 수 없는데 감미제가 첨가되지 않은 베이킹 초콜릿에는 100g 당 약 17.4mg의 철분이 들어 있다. 참고로 뼈와 관련된 무기물인 칼슘은 100g당 101mg이나 들어 있다. 칼슘은 특히 성장기에 있는 어린아이들에게는 아주 중요한 성분이다.

미국의 질병관리센터Centers for Disease Control and Prevention, CDC의 2011년 영양 자료에 의하면 미국에서 철분 결핍은 국가적으로 문제가 되는 영양 결핍중이라고 한다. 설탕을 넣은 과자 등을 주요한 영양 섭취원으로 하기에는 어려움이 있지만 다크초콜릿은 철분의 공급원으로서 훌륭하다.

예를 들어 요리된 100g의 시금치에는 약 3.5mg의 철분이 함유되어 있지만 코코아고형분 함량이 70~85%인 다크초콜릿에는 같은 무게의 시금치에 들어 있는 것보다 약 3배가 많은 철분이 들어 있다. 주로 코코아고형분에 들어 있는 철분의 함량이 영향을 주는 것이므로 코코아고형물에 많이 함유되어 있는 철분 공급을 위해서는 다크초콜릿을 먹는 게 도움이 된다.

초콜릿과 콜레스테롤

**59**

심장 혈관에
좋은 성분으로
파이토케미컬을 들 수
있는데 파이토케미컬
가운데 폴리페놀은 가장
많고 널리 분포된 것 중의
하나로서 카카오에는
폴리페놀이 다량
함유되어 있다.

초콜릿을 먹어서 콜레스테롤을 낮출 수 있고 그래서 심장을 건강하게 할 수 있을까? 정말 그럴 수 있다면 초콜릿은 대단한 식품이다.

세계보건기구에 따르면 2001년 연간 사망자 5650만 명 가운데 심혈관 질환, 당뇨병, 비만, 암, 호흡기 질환 등의 만성적인 요인으로 사망한 비율은 59%나 된다. 그 가운데서도 전 세계 사망자 가운데 약 3분의 1은 여러 가지 심혈관 질환으로 사망하는데 심혈관 질환은 심장 관상동맥증(심장마비를 일으키는 한 요인), 심장발작, 뇌혈관질환, 뇌졸중, 류머티스성 심장질환 등을 포함한다. 그만큼 심혈관 질환은 다양하기도 하고 세계적으로 문제가 되는 질환이다. 포화 지방과 콜레스테롤 음식을 많이 먹으면 혈중 콜레스테롤 수치가 올라가는데 혈중 콜레스테롤이 높아지면 관상동맥질환을 비롯한 각종 심장 질환을 일으키는 중요한 위험인자가 된다.

심장 혈관에 좋은 성분으로 파이토케미컬을 들 수 있는데 파이토케미컬 가운데 폴리페놀은 가장 많고 널리 분포된 것 중의 하나로서 식물계에 8천 개 이상의 구조가 알려져 있다. 폴리페놀의 유익한 점은 항암, 항동맥경화, 항궤양, 항혈전작용, 함염, 항알레르기, 항세균성, 혈관 확장, 진통 활동 등 다양하다. 카카오에 있는 폴리페놀은 이런 면에서 인류의 건강에 기여할 수 있는 가능성이 큰 것이다.

현대인들은 콜레스테롤 수치에 상당히 민감하다. 그만큼 콜레스테롤이 건강에 미치는 영향에 민감하다는 것이다. 초콜릿에는 유지 성분이 많은 부분을 구성하고 있어서 단순하게 생각해서는 지방에 의한 콜레스테롤 증가를 걱정할 수 있다. 초콜릿에는 부드러운 촉감과 물성을 만들어주기 위해 유지가 사용되는데 가장 기본적인 유지는 코코아버터이다. 초콜릿의 유지는 이 코코아버터를 기초로 하고 있는데 이와 동등한 특성을 갖는 식물성 유지가 개발되기도 하고 또 다른 식물성 유지로 코코아버터를 대체하기도 한다. 여기에서는 카카오에서 유래한 코코아버터에 대해서 알아보기로 한다.

초콜릿의 원료인 코코아버터에 들어 있는 주요 지방산은 단일불포화지방산인 올레산oleic acid 그리고 포화지방산인 스테아르산stearic acid과 팔미트산palmitic acid이다. 미국 미시간대학교의 통합의학에서 제시한 치료 음식 피라미드 자료에서도 카카오에서 얻어진 코코아버터는 스테아르산 형태로 적지 않은 포화지방산을 함유하고 있음에도 불구하고 팜유나 코코넛유에 있는 포화지방산과는 달리 콜레스테롤에 중립적 효과를 나타낸다고 했다.

올레산은 올리브유에도 존재하는 단일불포화지방산인데 실제로 혈액에서 저밀도콜레스테롤LDL을 낮추고 좋은 콜레스테롤인 고밀도 콜레스테롤HDL을 증가시킨다. 팔미트산은 콜레스테롤에 영향을 미치지만, 상대적으로 그 함량이 적은 편이다.

특히 주목할 만한 것으로 스테아르산을 들 수 있는데 스테아르산은 중성 지방으로 독특한 포화지방산이다. 포화지방산이지만 다른 포화지방산들과 달리 나쁜 콜레스테롤인 저밀도 콜레스테롤을 증가시키지 않고 낮추며 고밀도 콜레스테롤 수준에 대해서는 중립적인 역할을 나타낸다. 따라서 '총콜레스테롤/고밀도 콜레스테롤'의 비율을 낮추어 주는 효과가 있다.

초콜릿과 정크푸드

초콜릿은 복합물로서
원료와 조성이 중요한데
일반적으로
리얼초콜릿이라고 하면
주로 카카오 성분이 많이
함유되어 있는 초콜릿을
말하므로 카카오가 많은
다크초콜릿을 먹는 것이
유익하다.

어떤 식품을 특정 범주로 규정하는 것은 조심스럽게 해야 할 사안이다. 한번 인식되면 그것을 수정하는 것은 없던 것을 있게 하는 것보다 어려울 수 있기 때문이다. 또한, 식품은 인체와 직접적인 상관관계를 가지므로 법적인 규정도 엄격하게 이루어지고 있다.

한국어 위키피디아를 보면 정크푸드Junk food, 쓰레기 음식 또는 부실음식은 높은 열량을 갖고, 약간의 기본 영양소는 포함하고 있으나 영양가 없는 인스턴트 음식이나 패스트푸드를 총칭하는 단어로 충치를 유발하는 당분이 많이 첨가되어 당뇨의 원인이 되거나, 지방, 염분 등과 같은 식품 첨가물을 많이 포함하고 있어 성인병, 비만을 유발하는 등의 건강에 좋지 않은 음식도 포함한다고 하고 대표적인 정크푸드로 탄산음료, 감자튀김, 햄버거 등을 예로 드는 데 아주 부정적이고 문제가 많은 것이라고 대중에게 인식되고 있다는 것을 알 수 있다.

영어 위키피디아에서는 좀 더 논리적이고 자세하게 기술되어 있다. 정크푸드는 영양가가 별로 없고 종종 지방, 설탕, 소금, 열량 등이 많은 식품에 대한 조롱기가 있는 용어로 사용된다고 한다. "정크푸드는 전형적으로 사람들이 꺼리는 설탕이나 지방으로부터의 열량은 많고 사람들이 좋아하는 단백질, 비타민, 무기물 등은 적은 식품을 말한다. 대표적인 식품으로 가염된 스낵 푸드나 껌, 캔디, 스위트 디저트, 프라이드 패스트푸드, 가당 탄산음료 등을 가리킨다." 어떤 식품이 정크푸드냐 아니냐에 대한 범위와 판단 기준은 식품에 사용된 원료와 제조 방법, 그리고 소비자의 사회적 상태에 따라 다르다. 부유한 사람일수록 정크푸드의 범위를 넓게 설정하는 경향이 있다고 한다.

이와 유사한 용어로 우리나라에서는 "고열량·저영양 식품"이라는 규정을 설정해 놓고 있는데 식품의약품안전처장이 정한 기준보다 열량이 높고 영양가가 낮은 식품으로서 비만이나 영양불균형을 초래할 우려가 있는 어린이 기호식품을 말한다. 그리고 그 판별은 식품 판별프로그램에 따르도록 했다.

초콜릿은 다양한 영양성분을 가지고 있는 식품이므로 정크푸드라고 말하기 어렵다. 초콜릿도 어떤 초콜릿이냐가 중요하고 사용하는

| 영양소 | 성분 무조정 우유(全乳)<br>유지방 3.25% | 다크초콜릿<br>코코아고형물 70-85% |
|---|---|---|
| 열량(kcal) | 60 | 599 |
| 탄수화물(g) | 5 | 46 |
| 지방(g) | 3 | 43 |
| 단백질(g) | 3 | 8 |
| 칼슘(mg) | 113.0 | 73.7 |
| 비타민 A(I.U.) | 102.0 | 39.4 |
| 인(mg) | 91.0 | 311 |
| 칼륨(mg) | 143 | 722 |
| 리보플라빈(mg) | 0.2 | 0.1 |
| 나이아신(mg) | 0.1 | 1.1 |
| 철분(mg) | 0.0 | 12.0 |
| 마그네슘(mg) | 10.0 | 230.0 |
| 아연(mg) | 0.4 | 3.3 |

참조:http://nutritiondata.self.com

• 우유와 다크초콜릿의 영양 비교

원료와 그 조성에 따라서 영양 성분도 천차만별일 수 있다. 초콜릿의 규격을 충족시키지 못하면서도 초콜릿이란 이름을 사용한 것도 있을 수 있고 당류나 유지로 대부분의 조성을 이루는 저급 초콜릿도 있을 수 있다. 그렇지만 초콜릿의 규격에 합당하고 좋은 원료를 사용한다면 초콜릿의 영양은 나쁘지 않다. 예를 들어 우유와 다크초콜릿의 영양성분을 비교한 자료를 보면 다크초콜릿의 영양이 얼마나 우수한지를 알 수 있다.

초콜릿은 그 종류가 다양해서 어떤 원료를 가지고 어떤 조성으로 만드느냐가 중요하다. 설탕과 같은 성분의 덩어리가 될 수도 있고 항산화의 보고가 될 수도 있다. 일반적으로 리얼초콜릿이라고 하면 주로 카카오 성분이 많이 함유되어 있는 초콜릿을 말한다. 이 성분은 일반적으로 유익한 기능을 많이 갖고 있는 성분이다.

다크초콜릿에는 비타민과 무기물이 많이 들어 있는데 건강에 좋은 칼슘, 인, 철분, 칼륨, 아연 등이 많이 함유되어 있고 특히 마그네슘도 많이 함유되어 있다. 마그네슘은 고혈압, 당뇨, 심장병, 관절염, 월경 전증상 등을 막아주는 효과가 있다고 한다.

초콜릿을 기능 성분을 얻기 위해서만 먹는 것은 아니다. 때로는 당류를 섭취하기 위해서도 먹을 수 있고 칼로리를 충당하기 위해 먹기도 한다. 입안에서 부드럽고 달콤한 맛을 누리기 위해서도 먹는다. 이에 따라 초콜릿에는 카카오 성분 이외에도 설탕 같은 당류와 분유 같은 밀크 성분이 추가되기도 한다. 이러한 여러 성분들의 다양한 조합을 통해 초콜릿이 만들어지는 것이다.

만일 카카오 성분이 적거나 없고 설탕과 같은 당류만 많은 초콜릿이라면 카카오의 기능성을 추구하는 데에는 카카오 성분이 많은 다크초콜릿에 미치지 못할 것이다. 그러나 카카오 성분이 많으면 그만큼 먹기에 쓴맛이 강할 것이다. 그러므로 어떤 초콜릿을 먹을 것인가 하는 것은 먹는 사람이 선택할 사항이다.

| 성분 | 코코아<br>-저지방<br>(유럽<br>타입) | 코코아<br>-고지방<br>(아침식사<br>코코아) | 무가당<br>초콜릿 | 비터스위<br>트 초콜릿 | 세미스위<br>트 초콜릿,<br>베이킹<br>초콜릿 |
|---|---|---|---|---|---|
| 지방 | 10~15% | 20~25% | 45~55% | 33~45% | 20~35% |
| 탄수화물 | 45~60% | 45~60% | 30~35% | 20~50% | 50~70% |
| 당류 | 0~2% | 0~2% | 0~2% | 13~45% | 45~65% |
| 식이섬유 | 20~35% | 30~35% | 15~20% | 5~8% | 3~8% |
| 단백질 | 17~22% | 15~20% | 10~15% | 5~10% | 3~8% |
| 열량<br>(100g당) | 200kcal | 300kcal | 470~<br>500kcal | 500~<br>550kcal | 450~<br>550kcal |

참조: https://www.medscape.com

● 초콜릿 유형별 영양

한 가지 덧붙여 말하면 단순하게 카카오 원료의 함량이 같을지라
도 사용된 카카오 원료의 품종, 카카오 원료의 가공 방법, 초콜릿 제조
방법 등에 따라 플라바놀과 같은 유용한 성분들의 함량에 차이가 있
을 수 있다는 것이다.

# 61
## 초콜릿과 비만

초콜릿 중에서도 가능하면 다크초콜릿을 먹는 게 좋다. 초콜릿에는 카카오 성분 외에도 다른 성분이 많기 때문에 열량이나 영양성분 등을 고려해서 먹는 양을 스스로 조절해야 한다. 초콜릿도 다이어트의 대상이다.

초콜릿은 다이어트 전쟁에서 아군인가 적군인가? 다이어트diet 라는 말은 본래 사람이 소비하는 식품의 총체를 대상으로 하는 말이다. 몸에 좋은 식단을 말하거나 영양가가 좋은 식품을 말할 때도 다이어트라는 말을 사용하기도 한다.

건강에 관심이 많아진 요즘 일반적으로는 의미는 건강 관리나 체중을 줄이기 위해 먹는 것을 조절하는 것으로 비만을 치료하거나 예방하는 식이요법의 의미가 강하다. 비만은 어떤 특정 음식이 일으키는 것은 아니다. 보통 과식과 운동 부족이 비만의 주요 원인이다. 과잉 에너지가 지방으로 전환되어 비만을 야기하는 것이다.

미국의 포브스 인터넷판은 초콜릿 속의 항산화 물질이 체중 감소와 혈당 조절에 효과가 있는 것으로 밝혀졌다고 보도하는 등 초콜릿이 다이어트에 효과 있다는 연구결과가 잇따라 나오고 있다. 카카오에 함유된 플라바놀은 항산화 물질인 폴리페놀의 일종으로서 플라바놀이 알츠하이머나 치매 같은 뇌혈관계 질병 예방과 노화방지에 효과가 있다는 사실은 여러 연구에서 이미 확인된 바 있다.

플라바놀은 혈액 순환을 돕고 혈압을 낮추며 불필요한 물질의 배출을 도와 다이어트에도 도움이 되는데 플라바놀의 종류와 구성은 매우 다양하다. 카카오에 들어있는 주요 플라바놀 성분들은 6~7가지 정도인데 미국 버지니아 폴리테크닉 주립 대학의 연구진이 구체적으로 플라바놀의 어떤 성분이 다이어트에 효과가 있는지 알아본 결과 플라바놀에 들어 있는 프로안토시아니딘 중합체oligomeric proanthocyanidins, OPC를 지속적으로 섭취한 쥐들에게서 몸무게가 뚜렷하게 감소하는 게 확인됐다.

또한 연구진은 프로안토시아니딘 중합체가 체중 감소뿐 아니라 인슐린 저항성 개선으로 혈당 조절에도 도움이 되는 것을 발견했다. 물론 사람이 아닌 동물에서 실험한 것이므로 바로 사람에게 동일하게 적용할 수 있는 것은 아니겠지만, 플라바놀의 유용한 성분을 확인하는 연구였다.

프로안토시아니딘 중합체는 플라반-3-올flavan-3-ol 또는 카테킨으로 알려진 특정 분자의 복합체이다. 이 분자가 두 개 또는 세 개가 결합되어 복합체를 이루기도 하는데 흥미로운 것은 플라반-3-올 분자 하나만으로는 생물적 활성이 그리 크지 않은데 복합체가 되면 활성이 커진다는 것이다.

그렇다고 초콜릿을 먹는 것을 절제하지 말라는 것은 아니다. 초콜릿 중에서도 가능하면 다크초콜릿을 먹고 카카오 성분 외에도 다른 성분이 많으므로 열량이나 영양성분 등을 고려해서 먹는 양을 스스로 조절해야 한다. 좋은 영양을 위한 공급원으로서든 건강관리나 체중 조절을 위해서든 초콜릿도 다이어트의 대상이다.

# 초콜릿과 발열 그리고 코피

초콜릿이 열을 발생시킨다든지 코피를 나게 한다는 직접적인 증거는 없다. 초콜릿 섭취와 관련한 다른 상황들의 우연한 일치일지도 모른다.

초콜릿을 먹으면 열이 나고 코피가 나는 일이 있을까? 일반적으로 음식물을 먹으면 체온이 약간 상승한다고 한다. 그 이유는 음식물의 소화를 위해 대사 속도와 같은 화학적 반응이 체내에서 일어나기 때문이다. 이렇게 음식물을 먹게 됨으로써 생길 수 있는 신체의 활동이 몸의 체온에 영향을 주게 되는 것이다.

초콜릿에 있는 코코아버터는 체온보다 약간 낮은 온도에서 녹는 특성이 있다. 초콜릿을 먹으면 입안에서 초콜릿이 녹으며 열을 흡수해 입안에 시원한 느낌과 함께 일종의 차가운 느낌을 받게 된다. 초콜릿 자체가 몸의 체온을 올리는 것은 아니다.

중국 광저우 지역에서 초콜릿 판매를 하던 사람에게 광저우에서는 초콜릿 판매가 어려운데 그 이유 중 하나가 초콜릿을 먹으면 열이 나기 때문이라는 말을 들은 적이 있다. 중국 전통 의학에서는 열이 나는 음식을 상화上火식품이라 하는데 초콜릿도 열량이 높은 식품으로 상화식품이라 여겨 꺼리는 사람이 있다는 것이다. 실제로 초콜릿을 기피하는 이유를 설문조사해 보니 많은 사람이 열이 나기 때문이라고 응답했다.

하지만 초콜릿을 먹으면 열이 난다는 어떤 과학적인 근거나 조사 또는 연구는 없었다. 아무리 좋은 정보와 조사로도 통념이나 관념을 바꾸는 것은 쉽지 않다. 정말로 초콜릿을 먹으면 열이 나는지, 왜 초콜릿이 열을 낸다고 생각하는지 진지하게 연구해 보아야 할 대상이라는 생각이 든다. 혹시 초콜릿에 알레르기 등이 있어서 그런 것은 아닌지 아니면 초콜릿을 먹는 사람의 신체상태가 열이 있는 상태에서 어떤 초콜릿을 먹어 그렇게 생각하는 것이 아닌지 생각해 볼 수도 있을 것 같다.

마찬가지로 초콜릿을 먹으면 코피가 난다는 것도 과학적인 근거나 조사 결과가 명확하게 있지는 않다. 초콜릿에 있는 티라민tyramine이라는 성분이 혈압을 약하게나마 올리는데 이것이 비정상적으로 혈관이 약한 코를 가진 사람에게 코피를 나게 한다는 주장이 있기도 하다. 그러나 대부분의 자료에 의하면 초콜릿을 먹는 것과 코피는 상관성이 없다. 초콜릿을 먹다가 코피가 났다면 공교롭게도 초콜릿을 먹을 때 코피가 난 것을 초콜릿 때문으로 간주한 것이 아닌가 싶기도 하다.

# 63

## 다크초콜릿의 유익

다크초콜릿의 건강 기능 성분은 카카오에서 유래한다고 할 수 있는데 얼마만큼의 카카오 성분이 건강에 최적인지는 확실하지 않다. 폴리페놀 함량을 확인해보고 초콜릿을 사는 것도 현명한 소비 자세이다.

카카오가 구체적으로 몸에 어떻게 좋은 일을 하는지를 미국 루이지애나 주립대학교에서 연구한 결과가 있다. 연구에 따르면 코코아 분말이 소화관 윗부분에서 소화액처럼 인식되어서 소화되지 않은 채로 소화기 아래쪽의 장까지 전달된다. 장에 코코아 물질이 도달하면 소화관 끝의 장에 서식하는 락토바실러스Lactobacillus와 비피도박테리움Bifidobacterium을 포함한 유익한 미생물이 카카오에 있는 항산화물질인 카테킨이나 에피카테킨 같은 플라보놀과 식이섬유를 발효시킴으로써 혈관에 흡수되는 항염증 화합물들을 생성시킴으로써 건강에 도움을 준다고 한다.

## 다크초콜릿의 12가지 유익

1. 노화를 억제한다
2. 혈압을 낮춘다
3. 혈당조절을 돕는다
4. 당뇨 위험을 낮춘다
5. 비타민과 미네랄이 풍부하다
6. 뇌와 심장으로 혈류를 증가시킨다
7. 우울증을 감소시킨다
8. 심장질환을 예방한다
9. 세포를 보호하는 항산화제를 함유한다
10. 콜레스테롤 수준을 낮춘다
11. 기분을 좋게 한다
12. 스트레스를 줄여준다

참조: nature / AAAS / ScienceDaily

● 다크초콜릿의 유익

물론 모든 사람에게 똑같은 장내 세균 조성이 존재한다고 볼 수는 없기 때문에 어떤 사람은 다른 사람보다 더 좋은 기능을 나타낼 수도 있다. 이런 연구 결과 등으로 다크초콜릿이 혈관 기능을 향상시키고 심혈관 기능을 증진시키는 것을 설명할 수 있다. 카카오 물질이 장내에 있는 유익 세균의 증식을 자극하기도 한다고 한다.

또 다른 연구에 의하면 규칙적으로 다크초콜릿을 먹는 사람은 더 젊고 건강하게 될 수 있다고 한다. 예를 들어 평균 연령 20대의 젊은 사람들이 카카오 함량이 70%인 다크초콜릿을 매일 8g씩 한 달간 먹었을 때 혈관 기능이 좋아졌다는 연구 결과가 보고되기도 했다. 초콜릿을 먹어서 혈관 기능이 개선되고 이로 인해 혈관 질환이 적어지고 혈관 질환에 대한 치료비용이 적어지면 개인뿐만 아니라 국가에도 기여하는 것이니 다크초콜릿이 참 좋은 역할을 할 수 있다고 볼 수 있다.

카카오가 들어 있는 초콜릿과 심장 건강과의 관계는 상관성이 있는 것으로 보이지만 그렇다고 이들 식품이 적극적인 건강 효과를 나타내는 원인이라고 단정 짓는 것은 무리가 있고 더 많은 연구가 있어야 한다. 음식물 외에도 식이 행태라든지 운동, 심리적인 효과 등 변수가 많이 있기 때문이다.

연구자인 페레이라Pereira에 의하면 카카오에 있는 폴리페놀은 인슐린에 대한 민감성이 있어서 초콜릿을 먹으면 인슐린 민감성을 증가시켜서 당뇨병이나 당뇨전단계prediabetes의 발생을 예방하거나 지연시키는 효과가 있다고 한다. 그렇다고 해서 초콜릿이 당뇨병 처방의 대체품인 것은 아니고 건강에 기여하는 기능을 가지고 있다는 것이다. 심하게 혈관 기능이 손상된 사람에게서는 큰 효과가 없을 수도 있고 건강한 사람에게서는 효과가 잘 나타날 수 있다고 한다.

모든 초콜릿이 동일한 조성을 가지고 있는 것은 아니다. 그러기에 일반적으로 건강에 좋은 초콜릿을 말할 때는 다크초콜릿을 언급한다. 다크초콜릿은 밀크초콜릿보다 상대적으로 설탕과 유지가 적게 들어가 있고 카카오 성분이 많기 때문이다. 결국 다크초콜릿의 건강 기능 성분은 카카오에서 유래한다고 볼 수 있다는 것이다.

얼마만큼의 카카오 성분이 건강에 최적인지는 확실하지 않다. 초콜릿 제품을 구입할 때 그 제품에 포함되어 있는 폴리페놀 함량을 확인해보고 사는 것도 현명한 소비 자세이다. 폴리페놀 함량이 표시되어 있지 않은 경우에는 카카오 성분의 함량을 확인할 수 있으면 좋다. 식이섬유가 많이 들어 있는 식품과 함께 카카오가 많이 함유된 초콜릿을 먹는 것도 바람직하다. 예를 들면 다크초콜릿으로 코팅된 블랙빈black bean을 먹으면 좋다.

64

## 초콜릿과 우유

다크초콜릿과 비교해서
밀크 초콜릿은 우유에서 오는
영양성분은 많은 반면에
카카오에서 오는
영양성분은 적으므로
카카오의 유익한 성분을
얻으려면 밀크초콜릿을
먹는 것보다는
다크초콜릿을 우유와
함께 먹는 것이
더 바람직할 수 있다.

초콜릿과 우유를 같이 먹으면 좋을까 아니면 초콜릿을 먹고 나서
우유를 먹는 것이 좋을까? 쓴맛의 카카오에 부드럽고 풍미가 좋은
우유를 넣은 것은 초콜릿에 획기적인 변화를 부여해 준 것이 틀림없
다. 지금은 여러 가지 다양한 형태의 유제품 소재를 초콜릿에 사용하
고 있다. 유제품은 그 자체로써 훌륭한 영양 공급원이 되고 있고 영양
뿐만 아니라 맛과 초콜릿의 물성 및 품질에도 많은 영향을 주고 있다.
이런 면에서 밀크초콜릿이 많은 사람의 사랑을 받는 것은 어찌 보면
당연한 일인지도 모른다.

초콜릿에 우유 성분을 넣은 것을 밀크초콜릿이라 한다면 마시는

우유에 카카오나 초콜릿을 넣은 것은 초콜릿밀크이라 하는 경우가 많다. 밀크초콜릿이 고체 상태에서 씹어 먹는 것이라면 초콜릿밀크는 액체 상태에서 마시는 것으로서 핫초코 등을 예로 들 수 있다.

초콜릿밀크는 우유와 초콜릿으로 말미암아 좋은 영양 공급원이 될 수 있는데 칼슘, 단백질, 비타민 A와 D, 리보플라빈, 인, 칼륨 등 인체에 필수적인 영양소들이 많이 들어 있다. 이들 영양소는 뼈의 발육을 돕기도 하지만 근육의 생성이나 회복을 돕기도 한다. 따라서 좋은 영양뿐만 아니라 운동 후 마실 때 피로회복에도 도움이 된다. 우유와 초콜릿에 들어 있는 지방이나 설탕 등의 함량에 대해서는 영양성분의 섭취량 등을 고려해서 먹거나 마실 필요가 있다.

다크초콜릿과 비교해서 밀크초콜릿은 다크초콜릿보다 우유에서 오는 영양성분은 많은 반면에 카카오에서 오는 영양성분은 적다. 따라서 카카오의 유익한 성분을 얻으려면 밀크초콜릿을 먹는 것보다는 다크초콜릿을 우유와 함께 먹는 것이 더 바람직할 수 있다. 다만 맛이나 촉감 등의 차이가 있으니 무엇을 먹을 것인가는 선택의 문제이다.

초콜릿의 폴리페놀 성분과 우유의 관계에 대한 조사결과를 살펴보자. 옥스퍼드 뇌의학지에 실린 이탈리아 식품영양연구소의 마우로 세라피니Mauro Serafini 등의 연구에 따르면 초콜릿에 있는 (-)에피카테킨과 같은 식이성 플라보노이드는 직접적인 항산화 효과나 항혈전 메커니즘을 통해서 심혈관의 건강을 증진시킨다고 보인다.

• 초콜릿과 우유의 궁합은?

그런데 일반적으로 다크초콜릿을 먹으면 혈장에서 전체적인 항산화 능력과 (-)에피카테킨 함량이 증가하지만 이러한 효과가 초콜릿과 우유를 함께 먹거나 우유를 밀크초콜릿에 넣었을 때는 많이 감소한다고 한다. 이러한 현상은 우유가 생체 내에서 초콜릿으로부터 항산화물이 흡수되는 것을 방해한다든지 해서 적정량의 초콜릿을 먹을 때에 얻어질 수 있는 강력한 건강 유익 효과를 나타내지 못하게 하는 것은 아닌가 생각되고 있다. 우유를 효과적으로 마시는 방법에도 나름대로 노하우가 있는 듯하다.[4]

---

4) Mauro Serafini, Rossana Bugianesi, Giuseppe Maiani, Silvia Valtuena, Simone De Santis and Alan Crozier, Oxford Journals Medicine Brain, Volume 124, Issue 9, pp. 1720~1733., Brainbrain.oxfordjournals.org

# 65

## 초콜릿과 여드름

초콜릿이 여드름을
만든다고 단정하기에는
무리가 있는 것이
사실이다. 탄수화물과
지방이 적은 것이 피부에
낫다고 본다면
화이트 초콜릿이나
밀크초콜릿보다는
다크초콜릿을
추천할 만하다.

초콜릿을 먹으면 여드름이 생길 수 있다는 말을 들은 적 있을 것이다. 그래서 여드름이 생기기 쉬운 피부를 가진 사람은 초콜릿을 먹지 말라고 권유받기도 한다. 그럼에도 초콜릿을 먹고 만 사람은 피부에게 일종의 죄책감을 느꼈을지도 모른다. 하지만 초콜릿을 먹으면 여드름이 생긴다는 것은 사실이 아니다. 많은 과학자들이 초콜릿을 섭취와 여드름 발생에 어떤 상관성이 있는지 규명해보려고 했지만 연관성을 뒷받침할 수 있는 증거를 찾지 못했다.

오히려 다크초콜릿이 피부를 아름답게 한다고 하는 연구도 있다. 카카오 성분이 70%를 넘는 고급 다크초콜릿은 피부를 촉촉하게 해주는 비타민, 무기물, 항산화제가 풍부하다. 피부에 최고의 효과를 주기 위해서는 카카오가 많이 함유된 초콜릿을 선택하는 것이 좋다. 카카오는 피부에 영양을 공급해 주고 피부에 좋은 보습제 역할을 한다. 카카오에 있는 코코아버터는 피부를 부드럽게 만들어 준다.

그러면 왜 다크초콜릿이 피부에 좋은 것일까? 초콜릿에는 항산화제인 플라보놀이 있어 태양으로부터 피부를 보호해 준다고 한다. 어떤 실험에서는 매일 주기적으로 플라보놀이 풍부한 카카오 음료를 마신 사람이은 자외선 노출에 의한 피부의 홍변이 25% 정도 낮았다고 한다. 항산화제는 자유라디칼에 의한 피부손상을 막아준다.

또 초콜릿을 먹으면 스트레스를 줄이고 긴장을 완화시킴으로써 결과적으로 주름을 없애는데 효과가 있을 수 있다. 카카오는 신체에서 스트레스 호르몬을 줄여서 피부에서 콜라겐의 분해를 적게 하고 잔주름을 적게 한다. 카카오의 플라보놀은 피부의 탄력을 향상시켜주고 노화를 억제해준다.

카카오에는 비타민 A, C, D와 E 같은 중요한 영양소가 있는데 이러한 영양소가 부족하면 피부가 건조해질 수 있다. 피부에 부분적으로 코코아버터와 올리브오일을 바르면 건조한 피부 증상을 줄이는 데 효과적일 수 있다. 비타민 A와 E는 피부 세포를 원상으로 회복시켜주고 활기를 되찾게 해준다.

초콜릿을 피부에 사용하는 경우도 있는데 초콜릿 왁싱chocolate

waxing이나 초콜릿 훼이셜chocolate facial 같은 것들도 이루어지고 있다. 초콜릿 왁싱은 안전하고 피부에 좋은 방법이고 초콜릿 훼이셜은 항노화 성질을 가진다고 한다.

초콜릿으로 얼굴에 팩을 해서 피부에서 독소를 제거하기도 하고 피부의 모공을 열어서 죽은 피부세포를 제거하기도 한다. 우유나 요구르트에 초콜릿 분말을 섞어서 젖은 얼굴이나 목 등에 발라서 문지른 다음 차가운 물로 씻어주면 피부를 깨끗하게 하고 죽은 세포를 벗겨내고 밝게 하는 데 효과적이라고 한다.

카카오폴리페놀은 피부를 검게 하는 멜라닌의 형성에 관여하는 티로시나아제tyrosinase 활성을 저해하여 미백효과를 내기도 한다. 미국의 피부과 의사인 제임스 풀톤James E. Fulton 등의 연구에 따르면 적당량의 여드름을 가진 사람들을 대상으로 초콜릿을 먹은 경우와 먹지 않은 경우를 비교한 실험을 하였다. 일정 기간 후에 조사한 결과 섭취 전후에 두 그룹 사이에서 얼굴의 병변에 있어서 차이가 없다고 하였다. 여드름이 없는 사람들에게 매일 1200cal(그중 절반은 식물성 유지에서 유래함)에 해당하는 초콜릿을 한 달 동안 먹게 한 후 피지를 관찰한 경우에도 피지 조성에 변화가 없었다고 한다.

탄수화물이나 지방이 많은 음식물을 섭취하면 피지 분비를 촉진시켜 여드름에 역효과를 낸다는 연구도 있다. 탄수화물이나 지방이 많은 식품이 초콜릿만은 아니기도 하고 그 외 여러 가지 실험의 결과가 일정하지 않아 초콜릿이 여드름을 만든다고 단정하기에는 무리가 있다. 하지만 이런 연구 결과를 참조한다면 초콜릿 가운데서도 탄수화물과 지방이 적은 것이 피부에 낫다고 볼 수 있다. 화이트초콜릿이나 밀크초콜릿보다는 다크초콜릿을 먹는 것을 추천할 만하다.

---

### ✕ 알고 가기: 여드름 ✕

여드름은 털 피지선 샘 단위의 만성 염증 질환으로 면포(모낭 속에 고여 딱딱해진 피지), 구진(1cm 미만 크기의 솟아오른 피부병변), 고름 물집, 결절, 거짓낭 등 다양한 피부 변화가 나타나며, 이에 따른 후유증으로 오목한 흉터 또는 확대된 흉터를 남기기도 한다. 피지선이 모여 있는 얼굴, 목, 가슴 등에 많이 발생하며 털을 만드는 모낭에 붙어있는 피지선에 염증이 생기는 질환을 말한다.

여드름의 정확한 원인은 밝혀져 있지 않으나 한 가지 원인보다는 여러 원인이 복합적으로 작용한다. 즉 사춘기에 남성호르몬의 과잉으로 피지선의 분비가 왕성해지고 모낭의 상피가 이각화증(불완전하고 미숙한 각질화를 보이는 비정상적 각질화)을 일으켜 모낭이 막혀서 여드름의 기본 병변인 면포comedone(모낭 속에 고여 딱딱해진 피지)가 형성된다.

특히 모낭 안 세균 중 '프로피오니박테리움 아크네스propionibacterium acnes'는 지방분해 효소를 분비하여 이 효소가 피지 중의 중성지방을 분해하여 유리 지방산을 형성하고 모낭을 자극한다. 또한 프로피오니박테리움 아크네스에 대한 면역학적 반응이 여드름의 염증 반응에 기여한다. 여드름 발생에 가족력이 있다는 것은 잘 알려진 사실이다. 그러나 이의 정확한 유전 양식은 아직 확실하지 않다.

화장품의 여러 성분이 여드름 발생의 원인이 될 수 있음은 잘 알려진 바다. 또한, 포마드 중에 포함된 유성물질이나 과도한 세제, 비누의 사용도 여드름의 악화 원인이 될 수 있다.

참조: 서울대학교병원 의학정보, 서울대학교병원

# 초콜릿과 편두통

**66**

초콜릿이 두통과
관계가 있는 지는
여전히 불명확하다.
카카오는 마그네슘의 좋은
공급원인데 마그네슘은
편두통에 효과가 있다.
초콜릿을 먹으면 몸이
세로토닌을 더 많이
만든다고 하는데
이 세로토닌이 두통과
어떤 관계가 있는지는
아직 불명확하다.

**편**두통을 겪은 사람 중에 그 원인이 초콜릿이라 생각하는 사람도
있다. 어떤 신경학자들은 초콜릿이 티라민<sup>tyramine</sup>이라는 아미노산을
함유하고 있기 때문에 편두통의 원인이 될 수 있다고 하기도 한다. 티
라민은 체내에서 농도가 높아지면 뇌혈관을 지나치게 수축시켰다 팽
창시키는 역할을 하는데 뇌혈관에 민감한 사람은 두통을 느낄 수도
있다고 추측하는 사람도 있다. 초콜릿에 얼마나 티라민이 들어 있느
냐 하는 것도 서로 의견이 달라서 거의 없다고 하는 주장부터 나름대
로 많이 들어 있다고 하는 주장까지 다양하다. 초콜릿에 따라 카카오
함량이 다르므로 티라민 함량도 초콜릿에 따라 다를 수밖에 없다.

두통이나 편두통이 일어나는 과정은 신경계가 두통을 일으키는 요인과 반응하여 뇌의 혈관을 확장시키는 화학물질을 분비하게 하여 뇌에서 피의 흐름을 증가시킨다고 한다. 혈관이 확장되면서 다른 화학물질에 의한 신호가 뇌에 통증에 대한 메시지를 보내게 되는데 그 결과 통증이 생긴다는 것이다.

초콜릿과 두통의 관계에서 미국의 국립두통재단National Headache Foundation에서는 티라민 관련 두통에 있어서 초콜릿을 기초로 만들어진 제품들을 주의 있게 사용할use with caution 음식으로 언급하고 있다. 초콜릿이 티라민을 함유하고 있지는 않지만 두통을 일으킬 잠재력이 있다고 보아서 그렇게 언급하고 있다는 것이다. 초콜릿에는 감지할 수 있을 만큼의 티라민이 들어 있다고 보기는 어렵지만 그래도 가능성은 있다는 이야기인 듯싶다. 꼭 티라민이 아니더라도 수많은 성분의 복합물인 초콜릿에서 어떤 다른 성분에 의해 두통이 올 수도 있다고 볼 수도 있을 것이다.

그렇지만 초콜릿과 두통의 관계에서 더 설득력 있는 설명은 초콜릿 자체보다는 심리적 또는 생리적인 것들이 더 두통의 원인이 될 수 있다는 것이다. 여성이 스트레스를 받거나 호르몬의 변화가 있을 때 초콜릿에 끌리게 되고 이러한 복합적인 요소들이 두통을 일으킬 수 있다는 것이다.

분위기나 행동변화가 두통을 가져오기도 하는데 여기에 식품에 대한 탐닉cravings을 포함시키는 사람도 있다. 그래서 식품 섭취와 두통 사이의 연관성에 대한 잘못된 인식이 생긴다. 식품은 실제로 두통을 일으키지는 않지만 두통이 이미 시작된 사람은 식품에 대한 탐닉이 두통을 일으켰다고 생각하기도 한다. 게다가 보통 스트레스를 받을 때나 금식, 생리 월경 후에는 단맛이 있는 식품을 찾게 된다.

기타 여러 가지 상황으로 볼 때 두통의 진짜 주요 원인은 스트레스, 금식, 호르몬 변화 등으로 초콜릿같이 탐닉하게 되는 식품은 두통 원인 그 자체라기보다는 두통을 촉발하는데 연관이 있을 수 있다고 보는 게 맞을 것 같다.

두통이 일어나지 않도록 하기 위해 먹지 말아야 할 음식을 예로 들면서 혈관에 영향을 주는 성분인 티라민이 들어 있는 음식이나 페닐에틸아민phenylethylamine, PEA이 들어 있는 음식, 질산염nitrates이 있는 음식, 도파민dopamine이 들어 있는 음식 등을 예로 들기도 한다.

초콜릿에서 두통 때문에 의심을 받는 또 다른 성분이 있다면 페닐에틸아민일 것이다. 페닐에틸아민은 혈관의 확장과 수축을 일으키는 물질이다. 아울러 이 물질은 기분을 좋게 하는 성분이고 스트레스를 제거하고 기억을 증진시킨다. 따라서 나쁜 물질보다는 좋은 물질로 생각할 수 있다. 초콜릿이 두통과 관계가 있다는 것은 여전히 불명확하다. 피츠버그 대학교의 연구진들도 초콜릿이 두통의 원인이라는 것은 지나친 주장이라고 했다.

초콜릿은 마그네슘의 좋은 공급원인데 마그네슘은 편두통에 효과가 있다. 미시간대의 연구에 의하면 초콜릿을 먹으면 몸이 세로토닌을 더 많이 만들게 한다는 것을 발견했다. 낮은 수준의 세로토닌은 편두통 및 우울증과 연관이 있다고 한다. 세로토닌 과잉도 가슴앓이를 가져올 수 있으므로 적당한 섭취가 중요하다. 세로토닌은 초콜릿과 두통의 관계를 설명하는 열쇠가 될 수도 있다.

> ✄ Tip: 세로토닌 ✄
>
> 세로토닌serotonin은 트립토판에서 합성되는 모노아민 신경 전달 화학 물질의 하나인데 이것의 결핍으로 신경 전달 물질이 불균형하게 되면 우울증이 나타난다고 한다.
>
> 뇌에 있는 신경 전달 물질 중에 노르아드레날린 등이 공격성, 환희 등에 관여하는 반면 세로토닌은 주의력과 기억력을 향상시키고 활동력을 불러일으킨다고 한다.

# 6부

# 초콜릿은 사람을
# 행복하게 해주나요?

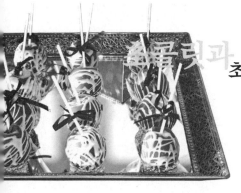

# 67

## 초콜릿과 두뇌 활동

카카오폴리페놀이
두뇌 주요 부분의
혈액 흐름을
개선하고
뇌 기능 증진에
좋은 영향을
미친다는 것은
많은 연구에서
나와 있다.
앞으로도 계속
연구되어야 할
부분이다.

초콜릿을 먹으면 머리가 좋아지고 두뇌 활동이 활발해질까? 초콜릿이 기억력을 좋게 해 줄 수 있을까?

지금까지의 연구에 의하면 사람의 지적 능력과 신경혈관 결합neurovascular coupling, NVC은 강한 상관관계가 있는데 이 둘은 규칙적으로 카카오를 먹으면 증진시킬 수 있다고 한다. 카카오와 그 기능에 대한 부분은 연구가 더 필요한 부분이고 카카오와 혈액의 흐름, 지적 인지기능과의 관계도 지속적으로 연구되어야 할 부분이다.

카카오에 있는 플라보노이드가 치매의 위험성을 낮추고 인지기능을 향상시킨다는 연구는 많이 있어 왔다. 플라보노이드 중 특정 물질인 플라바놀이 혈압을 낮추고 림프관과 혈관 내피(혈관 안쪽에 연이어 있는 얇은 세포층)의 기능을 향상시킨다고 알려져 있다. 이러한 건강에 대한 플라보노이드의 강한 기능 때문에 플라보노이드 섭취와 인지기능 향상과의 관계에 대한 연구는 관심사가 되어 왔다.

노팅엄대학 생리학 교수인 랜 맥도날드Lan MacDonald의 연구에 의하면 뇌의 주요 부분에 있어 카카오플라보놀이 혈액의 흐름을 개선했다고 한다. 초콜릿 업체인 마스Mars사가 제조한 코코비아CocoVia 음료 (150mg 플라보놀 함유)를 하루에 한 차례씩 5일간 섭취한 결과 뇌의 기능이 개선되었다는 내용도 있다. 카카오와 인지기능의 관계에 대한 연구 중에는 카카오 섭취가 인지기능에 손상이 있는 사람에게 약 5%의 신경혈관 결합의 증가를 가져왔다는 결과도 있다.

하버드대학교의 소란드Farzaneh A. Sorond의 연구에 의하면 신경혈관 결합과 인지기능 간에는 강한 상관성이 있고 기준치 이상의 인지기능 손상을 가진 사람이 주기적으로 카카오를 섭취하면 이 둘을 향상시킬 수 있다고 한다.

반면에 카카오에 있는 플라바놀 성분이 적은 음료를 마신 환자들에게서도 신경혈관 결합이 증가하는 연구 결과도 있으므로 신경혈관 결합이 카카오나 플라바놀에 의해서만 기인한다고 말하기는 어려운 게 현재까지의 사실이다. 이 부분에 대해서는 과학자들의 더 많은 연구가 필요하다.

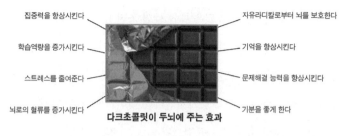

참조: bebrainfit.com / authoritynutrition.com / www.goodnewsnetwork.org

다크초콜릿이 두뇌에 주는 효과

집중력을 향상시킨다
학습역량을 증가시킨다
스트레스를 줄여준다
뇌로의 혈류를 증가시킨다

자유라디칼로부터 뇌를 보호한다
기억을 향상시킨다
문제해결 능력을 향상시킨다
기분을 좋게 한다

● 초콜릿과 두뇌활동

다만 미량의 플라바놀이라 할지라도 뇌혈관 기능에 큰 영향을 줄 수 있으므로 플라바놀이 적은 음료라도 이미 신경혈관 결합을 증가시키기에 충분한 양의 플라바놀이 들어 있는 것이 아닐까 생각되기도 한다.

카카오폴리페놀이 뇌의 주요 부분에 혈액 흐름을 개선시키는 작용만이 아니라 뇌 기능 증진에도 좋은 영향을 미친다는 것은 많은 연구에 나와 있다. 카카오플라바놀은 시각적 대조 감도visual contrast sensitivity, VCS를 향상시키고 무작위 동작을 감지하는 데 필요한 시간을 단축시킨다고 한다. 시각적 대조 감도는 밝고 어두운 것의 대조가 변화할 때의 시각적 이미지를 구별해내는 신경 능력을 말하는데 나이가 들면서 영향을 받는다. 무작위 동작이라는 것은 물체가 다른 방향에서 계속적으로 변하는 것을 말한다. 시각 동작을 통합시키는 데 필요한 시간을 단축한다는 것은 예를 들면 운전 중에 사고의 위험물을 인식하는 데 더 빠르게 대응할 수 있다는 이야기가 될 수 있다. 카카오 플라바놀을 먹어서 어떤 선택 동작을 재빠르게 할 수 있다면 일을 하는 데 있어서 반응 속도를 증가시킨다는 것이기에 효율도 많이 증가시키게 될 것이다. 카카오를 먹으면 일을 더 잘할 수 있을까?

또한 초콜릿 성분의 하나인 테오브로민은 대뇌 피질을 부드럽게 자극해서 사고력을 올려주고 카카오의 향은 정신을 안정시키고 집중력을 높여준다. 결국 알파파를 쉽게 내게 하는 효과를 가지고 있다. 이런 면에서 초콜릿은 집중력를 높여 주는 기능을 가질 수 있으므로 시험공부, 독서, 회의, 잔업 등에 적합한 식품일 수 있다.

# 68

## 초콜릿과 우울증

초콜릿을 먹으면
기분이 좋아지고
우울함에서
벗어날 수 있다는
많은 연구 결과들이
있고 연관된
많은 성분들도
과학적으로
조사되고 있다.

기분이 우울할 때 달콤한 초콜릿을 먹으면 기분이 좋아질까? 초콜 릿은 우울증이 있는 사람에게 추천할만한 식품일까? 초콜릿을 먹으면 뇌에 아미노산인 트립토판tryptophan이 증가하고 세로토닌의 합성이 늘 어나 기분이 향상된다고 한다. 무엇보다 초콜릿의 감미와 지방의 이상 적인 조합이 내는 즐거운 맛이 엔도르핀 분비를 유도한다고 한다.

트립토판은 단백질의 트립신trypsin 분해물 속에 들어 있는 인돌 indole과 비슷한 성질의 물질에 이름 붙여진 것이다. 인돌은 트립토판 의 분해 산물 중 하나로 유방암이나 대장암 등의 예방에 효과가 있다 고 한다. L형 트립토판은 필수아미노산의 하나로 널리 존재한다.

트립토판의 대사는 2개의 주요 경로가 있는데, 하나는 키누레닌 kynurenine이 되는 경로로서 키누레닌은 다시 3-히드록시안트라닐산-니코틴산-키누렌산이 된다. 다른 하나는 5-히드록시트립토판으로부터 세로토닌이 되는 경로이다. 트립토판은 뇌의 신경세포와 함께 세로토닌이라는 신경전달물질을 만드는데 고농도의 세로토닌은 기분 좋은 상태, 심지어 황홀경에 이르게 하는 것으로 알려져 있다. 트립토판이 '초콜릿 엑스터시chocolate ecstasy'로 불리는 것도 그 때문이다.

초콜릿에는 사람이 뭔가에 열중하고 있을 때 뇌에서 만들어지는 페닐에틸아민이라는 화학물질이 많이 함유되어 있다. 페닐에틸아민은 중추신경 자극 물질의 일종으로 신경전달물질로 작용해 상대에 대한 끌림과 흥분감, 현기증 등의 감정을 유발하며 뇌 속의 '행복중추'를 자극한다. 페닐에틸아민은 연애감정의 기복에 깊이 관여하며 실연 등에 당하면 생성이 중지되어 버린다고 하는데 그러면 정신이 불안정해지고 히스테리를 일으키기도 한다고 한다. 이 때문인지 18세기 유럽에서 초콜릿은 '사랑의 묘약'으로 통했다. 밸런타인데이에 연인에게 초콜릿을 선물하는 것도 여기에서 비롯됐다. 어쩌면 실연의 감정을 초콜릿으로 치유할 수도 있지 않을까?

카카오 빈에는 우울한 기분을 자극해서 원기를 찾아주는 성분이 들어있는데 그중의 하나가 카페인이다. 카페인은 중추신경을 가볍게 자극해 가라앉은 기분을 밝게 해준다. 그러나 판초코 1개에는 커피

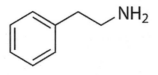

● 페닐에틸아민의 분자구조

1잔의 1/20~1/60에 해당하는 정도로 적은 카페인이 들어있기 때문에 카페인 섭취에 대한 불안감은 가지지 않아도 될 듯하다.

코코아매스에서 추출한 폴리페놀은 건강에 좋은 효과를 나타내며 신체적 스트레스 상황에 감정에 따른 행동변화를 억제하고 따라서 스트레스 상황에 적응을 촉진시키는 작용이 있다. 카카오폴리페놀은 전반적 스트레스뿐만 아니라 심리적 스트레스 상황의 상황적 행동변화도 억제하는데 유효한 항 스트레스 성분이 있다고 시사되었다.

초콜릿 속의 당분은 혈당치를 정상화하고 뇌의 움직임을 활발하게 해서 신경 안정과 스트레스 완화에도 도움을 준다.

---

✂ 에피소드 ✂

전설에 의하면 고대 아스텍의 몬테수마 황제는 하루에 50여 잔 정도나 되는 카카오 음료를 마셨다고 한다. 카카오가 정력을 강하게 해준다고 믿었기 때문이다. 프랑스의 계몽사상가 볼테르도 같은 이유로 초콜릿을 추천했다고 한다.

# 69

# 초콜릿과 피부미용

카카오의 항산화 능력은
세포의 노화를
간접적으로 억제하고
카카오폴리페놀은
미백효과를 내기도 한다.
또한 카카오에 있는
비타민, 무기물, 항산화
성분은 자외선으로부터
피부를 보호해주고
피부의 촉촉함을
증진시켜준다고 한다.

초콜릿을 먹는 것만이 아니라 피부 미용에도 사용할 수 있을까? 카카오가 몸에 좋다면 피부에도 좋을 수 있지 않을까? 기원전 1500년 정도에 고대 아스텍에서는 미용에 의례적으로 사용하기도 할 만큼 카카오가 몸을 관리하는 데 사용되었다. 카카오는 포도 씨보다도 약 50배나 많은 폴리페놀을 함유하고 있다고 하는데 이 폴리페놀은 노화억제 기능을 가지고 있다. 그뿐만 아니라 카카오는 항산화 능력이 커서 자유라디칼을 억제함으로써 간접적으로 세포의 노화를 억제시킨다.

또한 카카오폴리페놀은 피부를 검게 하는 멜라닌melanin의 형성에 관여하는 티로시나아제tyrosinase 활성을 저해하여 미백효과를 가져

오기도 한다. 카카오에 있는 비타민, 무기물, 항산화 성분이 자외선으로부터 피부를 보호해주고 피부의 촉촉함을 증진시켜준다고 한다. 초콜릿이 음료나 먹는 것으로 발전되지 않았다면 카카오가 미용의 소재로 각광받았을 수도 있었을 것 같다.

항산화 성분은 피부의 손상을 회복시켜주는 기능을 가진다. 카카오에 들어 있는 항산화 성분을 마스크 팩 등으로 활용하면 카카오에 있는 항산화 기능을 피부에서도 나타내지 않을까 생각한다. 카카오와 초콜릿은 먹기도 하는 것이므로 화장품 등으로 사용해도 나쁘지 않을 것 같은 생각이 드는데 실제로 카카오나 초콜릿을 화장품에 응용하여 판매하고 있는 사례도 있다. 초콜릿을 넣어서 코코아 맛을 내는 팔레트palette에 사용하기도 하고 유기농 초콜릿을 넣은 마스크 팩을 만들기도 한다. 근래에는 먹는 화장품도 등장하고 있다.

헤어스프레이에 카카오 성분을 함유시키면 카카오에 들어 있는 무기물, 단백질, 카페인 등이 두피로 보내지는 혈류를 자극시키고 모발 성장을 돕고 탈모를 막아준다. 또 카카오에는 비타민 A, 리보플라빈, 티아민, 칼륨, 인, 마그네슘, 아연, 철분 등이 많아서 모발을 강하게 하고 윤기 있게 한다고 한다.

코코아버터를 이용한 버터나 오일 형태의 보습 화장품도 가능하다. 코코아버터는 피부에서 부드러운 윤활작용을 해 주어서 피부의 건조와 수분의 손실을 막아 준다. 연구에 의하면 카카오 빈에는 상처를 치료

● 카카오를 이용한 미용 제품들

해 주는 성분도 있고 피부 세포의 성장을 자극하는 성분도 있다고 한다.

카카오에 있는 향기 성분을 응용하는 경우도 있다. 초콜릿을 함유한 화장품 크림이나 로션을 바르거나 초콜릿 스파 등을 통해서 초콜릿의 향기를 느끼게 되고 이 향기 성분을 통해 심리적 또는 생리적으로 긍정적인 효과를 가져 올 수 있다는 것이다. 일종의 초콜릿을 통한 아로마테라피가 되는 셈이다.

카카오나 초콜릿을 사용할 때 실제 발생하는 효과 외에 간과할 수 없는 효과로 분위기나 자기보상과 같은 심리적인 효과가 있다고 한다. 외국의 경우 초콜릿으로 바디랩이나 마사지, 피부마스크, 헤어마스크를 제공하는 스파나 미용센터가 많이 있다고 한다.

# 70
## 초콜릿과 수험생

카카오의 테오브로민은
대뇌 피질을 부드럽게 자극해서
사고력을 올려주고
초콜릿의 당분은 피로회복을
촉진시키며
카카오의 향은 정신을 안정시키고
집중력을 높인다.
그렇지만 초콜릿을 먹으면
시험을 잘 볼 수 있다고
단언하기에는
명확한 상관관계와 인과관계가
부족한 것이 현실이다.

수험생을 격려하기 위해 주는 선물로서도 초콜릿이 인기이다. 초콜릿은 과연 수험생의 실력 발휘에 도움을 줄 수 있을까? 해마다 대입 수학능력 시험 때가 되면 수험생들에게 시험을 잘 보라고 격려하는데 초콜릿을 선물로 주기도 한다. 그 밖에도 공부하거나 시험을 보는 자녀들에게 초콜릿을 주는 경우도 있다. 초콜릿을 먹으면 정말로 공부나 시험에 도움이 될까?

초콜릿 성분의 하나인 테오브로민은 대뇌 피질을 부드럽게 자극해서 사고력을 올려준다. 또 강심작용, 이뇨작용, 근육완화 작용 등 뛰어난 약리작용을 인정받고 있다. 디오프로만, 카페인 등은 알칼로이드로 불리고 중추신경에 작용하는 물질이며 피로회복, 스트레스 해소에도 효과가 있다고 한다.

초콜릿의 당분은 신경을 부드럽게 해서 피로를 풀어주기 때문에 피로할 때, 안정이 잘 안 될 때, 신경과민일 때 등에 효과적이다. 몸이 피로하면 신체에서 열량이 소비되어 간장 내에 있는 글리코겐이 소진되어서 혈액이 필요로 하는 당분을 공급하는 것이 어려워진다. 이렇게 당분의 현저히 낮아진 상태에서 초콜릿을 먹으면 초콜릿에 있는 당분이 신속하게 혈당치를 정상화함으로써 피로회복을 촉진시킬 수 있다. 초콜릿에 있는 당분은 효율적으로 뇌에 도달해 뇌의 영양이 되고 뇌의 움직임을 활발하게 해주는 반면 지방과 단백질은 뇌에는 도달하지 않는 물질이다.

카카오의 향은 정신을 안정시키고 집중력을 높여 뇌파 중에서 알파파$^\alpha$ wave를 쉽게 내게 하는 효과가 있다. 알파파는 깨어있는 성인이 긴장이 이완되어 심신이 안정된 상태일 때 나타나는 뇌파로 이때 두뇌활동이 활발해 공부가 가장 잘 되는 상태로 특히 집중력과 기억력, 사고력이 최고로 향상되는 두뇌 상태라고 한다. 영국의 데일리메일에 의하면 사람의 뇌는 대부분의 시간에 정상적인 베타파$^\beta$ wave를 내는데 베타파는 암산 등을 무언가를 하고 있을 때 나오는 것으로 할 때 나타난다. 알파파가 나오는 상태는 뇌 활동이 느려지면서 고요하고 기쁜 느낌이 들고 정신이 기민하면서도 휴식적인 상태라고 한다.

수험생용 식품

★스투디★
달콤하고
섭취가
간편

★초콜릿★
상황에
대한
인내력을
증가시킨다

★설탕★
손쉽게 구할 수 있고
휴대에 간편한 당류

• 초콜릿과 공부: 당분은 공부에 도움이 된다

영국 런던 미들섹스 대학교Middlesex University의 신경심리학자인 닐 마틴Neil Martin에 따르면 초콜릿은 뇌를 고요하게 하고 기분을 좋게 해 아주 편안하게 해 준다고 한다. 약 20명을 대상으로 초콜릿, 구운 콩, 커피, 상한 돼지고기 등의 냄새를 맡게 한 다음에 뇌 활동을 측정한 결과 초콜릿만이 긴장감과 연관되어 있는 세타파$^\theta$ wave를 억제했다. 다른 향들이 왜 그런 효과를 내지 못하고 초콜릿만이 효과를 내는지 그 이유를 명확히 알 수는 없었다. 또한 초콜릿은 알파파와 베타파의 활동을 증가시켰는데 그 이유도 정확히 밝히지는 못했다.

초콜릿을 먹으면 시험을 잘 볼 수 있다고 단언하기에는 명확한 상관관계와 인과관계가 부족한 것이 현실이다. 다만 뇌파 등을 통한 연구결과나 카카오의 성분이 나타내는 효과 등을 고려할 때 긍정적인 효과를 줄 수 있다고 보인다. 한번 초콜릿을 먹고 시험을 보면서 스스로 진단해 보는 것이 좋을 듯싶다. 섭취량이나 섭취에 따른 효과가 사람마다 똑같지는 않을 것이다.

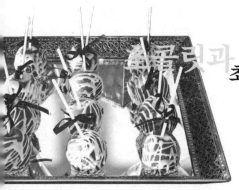

# 71

## 초콜릿과 일의 효율

초콜릿에 있는
성분 중에
기분을 좋게 하고
행복감을 느끼게 해서
행복한 사람으로
일을 잘하게 한다면
초콜릿은
멋진 제품일 것이다.

**열**심히 일하는 사람은 재미있게 일하는 사람을 앞설 수 없다는 말이 있다. 초콜릿을 먹고 일을 더 재미있게 잘할 수 있을까? 일을 잘하려면 일하는 사람을 행복하게 하면 된다. 영국에서 어떤 경제학자의 연구에 의하면 700명을 상대로 초콜릿을 주고 코미디 비디오를 보여주었을 때 생산성이 10%에서 12%까지 증가했다는 결과가 있다. 그렇다고 모든 사람에게 초콜릿을 주고 코미디를 보여주면 일을 잘한다고 일반화할 수 있는 것은 아니다. 다만 불행한 사람은 행복한 사람보다 생산성이 나쁘다는 것을 말하고자 하는 것이다.

그럼 왜 초콜릿을 먹는 것이 사람을 행복하게 하고 일을 잘하게 하는 것일까? 초콜릿의 원료가 되는 카카오 빈에는 파이토케미컬, 비타민, 무기물, 항산화제 등이 들어 있다. 카카오 빈과 다른 원료들로 만든 초콜릿은 500개가 넘는 많은 화학물질을 가지고 있는데 그 가운데에는 소량의 페닐에틸아민도 들어 있다. 페닐에틸아민은 뇌의 신경전달물질의 수준을 일시적으로 증가시키는 물질과 연관되어 있고 사람이 쾌감을 느낄 때에도 분비된다고 한다. 또 초콜릿에는 폴리페놀이 들어 있어서 강력한 항산화 기능을 가질 뿐 아니라 카페인과 유사한 효과를 가지고 있는 테오브로민이라는 알칼로이드를 함유하고 있다. 이들 물질도 사람을 기분 좋게 만드는 데 효과가 있다고 보여 진다.

일에 지치고 피곤하며 의욕이 저하되었을 때 초콜릿을 먹고 기분을 전환하고 행복감을 되찾을 수 있다면 일을 하는 효율도 증가하리라 생각한다.

착한 초콜릿

# 72

## 착한 초콜릿

열악한 환경에서
정당한 노동의 대가를
받지 못하는
사람들에게
정당한 노동의 대가를
돌려주는
공정무역을 통해
만들어진 초콜릿을
착한 초콜릿이라 한다.

"**초**콜릿은 쓰다"라는 말이 있다. 이 말은 초콜릿의 쓴맛 자체를 지칭하는 것도 있지만, 비평가들에 의해서 카카오 열매를 수확해서 초콜릿을 만들기까지 사람의 많은 노동과 고통이 수반됨을 역설적으로 나타낸 표현이기도 하다. 착한 초콜릿이란 말에는 상대적으로 착하지 못한 초콜릿이 있다는 암시를 느끼게 한다. 우리가 먹는 초콜릿의 달콤함 속에 많은 고통과 쓴맛과 같은 아픈 속사정이 담겨 있다는 것이다.

카카오의 주 생산지는 열대지역 중에서도 아프리카의 아이보리코스트 지역이 가장 많다. 그곳의 카카오 농장에서 일하는 사람들은 어린아이들을 포함하여 저임금 노동자들이 많다. 다른 서아프리카 지역 국가인 말리, 베냉, 토고, 중앙아프리카공화국 등에서 온 사람들도 많은데 그들의 대부분은 12세부터 16세까지의 어린아이들로서 가족들의 부양을 위해 일하러 온 아이들이다.

2010년과 2015년에 행해진 미국 튤란대학교Tulane University의 조사에 따르면 2010년 조사 때에는 약 180만 명의 5~17세 어린이들이 가나와 아이보리코스트의 카카오 농장에서 일하고 있었는데 2014년에는 약 212만 명이 일하고 있었다. 2014년에는 아이보리코스트에서의 취학률이 2010년의 59%에서 71%로 높아졌고 가나에서는 91%에서 96%로 높아졌다. 그들 가운데 약 96%는 위험한 작업에 연관되어 일하고 있다. 계약한 대로 노동의 대가를 받지 못하는 경우도 많다고 한다. 그러므로 자신뿐만 아니라 그들 가족의 생계를 지원하는 것도 어려운 게 현실이다.

카카오 재배는 아직도 기계보다는 사람의 손으로 이루어지고 있어서 노동 집약적이다. 재배지역도 적도 근처의 지역에 한정되어 있고 재배규모도 대부분 소규모이다. 세계적으로 카카오 재배 농부는 약 5백만 내지 6백만 명이다. 기업규모의 재배보다는 소규모 가족 소유의 농장이 대부분이기에 카카오 재배는 곧 가족의 삶이다. 그러다보니 아이들도 가족의 일원으로서 카카오 재배 및 수확 등의 일에 동원되게 됨으로써 어린이 노동에 대한 이슈가 크게 대두하였다.

카카오 농가의 소득은 여러 가지 변수에 의해 변동이 생기는데 질병이나 날씨가 수확량에 영향을 주고 카카오의 국제적인 시장 가격도 소득에 영향을 준다. 만일 카카오의 생산량이 너무 많으면 세계 시장 가격이 하락하게 되고 결과적으로 농가들의 소득도 떨어진다. 그렇게 되면 재배를 위한 돈이 부족하게 되고 결과적으로 수확량과 공급량이 감소한다.

이처럼 열악한 환경에서 정당한 노동의 대가를 받지 못하는 사람들에게 정당한 노동의 대가를 돌려주자는 것이 공정무역fair trade이고 공정무역을 통해 만들어진 초콜릿을 공정무역 초콜릿이라 한다. 공정무역 초콜릿을 사람들은 착한 초콜릿이라고 이름 지었다.

서아프리카 지역에는 약 150만 곳의 카카오 농장이 있는데 그들의 평균 규모는 7~10에이커로 소규모이다. 따라서 열악한 재배 환경과 수익성을 가지고 있다고 볼 수 있다. 정부와 재단, 카카오 관련 기업 등에서 여러 가지 프로그램을 통해서 이들을 돕고 있는데 교육이나 훈련을 통해서 지원하기도 하고 비료 등의 공급을 통해 수확량을 늘림으로써 농가들의 소득이 20~55% 정도 올라가도록 노력하고 있다. 재배와 생산을 안정적으로 관리하면 수확도 안정적으로 되어서 농가들의 수입에도 긍정적인 영향을 주게 된다.

공정무역은 개발도상국에 있는 생산자들에게 더 좋은 무역 조건을 만들어 주고 그들에게 생산의 지속성을 제공하고자 하는 사회운동으로 대화와 투명성, 존중을 기초로 하여 무역의 파트너십을 만드는 것이다. 생산자들에게 생산에 알맞은 더 높은 가격을 주고 그들에게 더 나은 사회적 그리고 환경적 기준을 제공하고자 하기 위함이다. 주로 개발도상국에서 개발국으로 수출하는 물품들이 중심인데 수공예품, 커피, 코코아, 설탕, 차, 바나나, 꿀, 면화, 화훼, 포도주 등이 주요 품목이다. 공정무역 인증을 받은 제품들은 매년 큰 증가하고 있다.

우리는 어떻게 하면 공정무역을 통해 착한 초콜릿에 기여할 수 있을까? 그것은 다소 가격이 비싸더라도 공정무역 인증을 가진 제품을 소비해 주는 것이다. 공정무역 인증을 받은 제품은 어린이 노동이 남용되지 않았다는 것을 가리킨다. 그렇지만 가격에 대한 부담 등으로 인해 초콜릿 시장에서의 공정무역 초콜릿의 비중은 아주 적은데 소비자의 경제적인 구매과 착한 초콜릿 간의 관계에서 고민이 있을 수밖에 없다.

근래에는 공정무역을 증가시키고 한 곳에서 생산된 카카오 빈 만을 사용한 싱글오리진single origin 초콜릿이 많아지면서 카카오 농가들에게 더 나은 환경들을 제공하고 있고 카카오의 품질도 함께 개선되고 있다. 여러 가지 카카오 빈을 섞어서 사용하는 것보다 한 가지 카카오 빈 만을 사용하면 고유의 맛을 낼 수 있고 제품도 차별화시킬 수 있다. 소규모의 카카오 농가는 소량의 수확이라도 적정한 가격에 판매가 이루어지면 더 나은 가격에서 판매가 가능하게 되어 수입에 안

● 공정무역 인증마크들

정성이 생긴다. 보통 품질이 좋은 카카오 빈일수록 천연 그대로와 가까운 환경에서 자라게 되므로 카카오 빈이 재배되는 곳의 삼림도 더 잘 보존될 수 있다.

세계코코아기금World Cocoa Foundation, WCF은 카카오 재배 농가를 지원하는 프로그램을 운영해 어린이와 젊은 사람들에게는 추가적인 교육기회를 제공하기도 하고 카카오 재배에 기술적 지원도 하고 있다. 이러한 교육과 훈련을 통해서 농가의 소득 증가에도 기여하고 있다.

국제적인 초콜릿과 카카오 기업들도 카카오 자원에 대한 관심을 기울여서 이들 재배 지역과 파트너십을 만들고 있다. 이들은 교육이나 농부 훈련, 농업 개선 프로그램, 건강 프로그램 등을 통해 농부들의 안전을 도모하고 가족과 어린이들을 위한 건강하고 생산적인 환경을 만들고 있다. 예를 들어 네슬레는 코코아플랜을 통해 카카오 농장의 농부들을 돕고 생산 품질을 향상시키고 있다.

초콜릿의 가격이 올라가서 그만큼 카카오의 가격이 오른다면 그들의 소득도 증가할 것이다. 농부들의 소득이 증가하면 지역사회를 개선시키고 더 나은 영양과 건강관리, 어린이 교육을 공급받게 되며 삶의 질을 향상시킬 수 있다. 한 가지 중요한 사실은 궁극적으로 카카오 농부들의 소득을 올려주는 최종적인 주체는 초콜릿 소비자라는 것이다. 그런데 소비자가 초콜릿의 가격 인상을 달가워하지 않을 것 같은 것이 딜레마이다.

공정무역 인증 원리는 공정한 가격, 공정한 노동 환경, 직접 무역, 민주적이고 투명한 조직, 지역사회 개발과 환경 지속성을 포함한다.

# 73

# 진짜초콜릿과 가짜초콜릿

초콜릿의 품질을
지키기 위해서
국가별로
일정한 기준을
정하여
초콜릿의 품질을
유지하고 있다.
외관만 초콜릿
같다고 해서
모두가 초콜릿인 것은
아니다.

'리얼real'이란 말은 '진짜, 가짜가 아닌, 정말'이라는 의미이니까 우리가 보통 말하는 리얼초콜릿이라는 말은 의미상으로 보면 진짜 초콜릿이란 말이다. 그렇다면 리얼초콜릿이 아닌 초콜릿은 가짜 초콜릿이라는 의미일까? 초콜릿을 말할 때 진짜와 가짜의 기준이 무엇인가를 알면 질문에 답이 될 것이다.

우리가 살펴보았듯이 초콜릿에 대해서는 각 유형별로 일정한 규격이 규정되어 있다. 우리나라 식품공전에서도 초콜릿의 범위에 해당되는 유형별로 규정이 있는데 규정의 큰 항목은 카카오 성분과 밀크 성분이고 그중에서도 카카오 성분이 기본이다. 코코아 가공품류나 초콜릿류가 되려면 테오브로마 카카오의 열매로부터 얻어진 원료인 코코아매스, 코코아버터, 코코아분말 등의 원료가 기준 이상 함유되어 있어야만 한다.

예를 들어 갈색이나 검은색을 띠어서 초콜릿처럼 보일지라도 카카오에서 유래한 성분이 없으면 코코아 가공품류나 초콜릿류가 될 수 없다. 그러한 성분이 없거나 기준치에 미치지 못하는데도 코코아 가공품류나 초콜릿류에 해당하는 명칭을 사용한다면 이것은 법적으로 잘못된 것이고 말 그대로 가짜이다.

화이트초콜릿을 보면 코코아매스나 코코아분말은 없지만 코코아버터가 20% 이상 되어야 하고 아울러 유고형분이 14% 이상(그중 유지방은 2.5% 이상)이어야만 한다. 만일 유고형분과 유지방이 기준을 만족한다 하더라도 코코아버터의 함량이 20%가 되지 않는다거나 아예 코코아버터 대신 다른 식물성유지를 사용한다면 이것은 화이트초콜릿이 될 수 없다. 이러한 화이트크림을 케이크에 입히거나 데코레이션하면서 화이트초콜릿 케이크라 한다면 이것은 잘못된 표현이다.

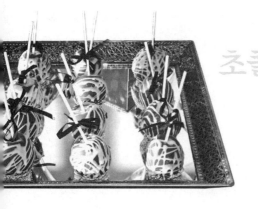

# 74

## 초콜릿 탐닉

부정적이고 걱정이
많은 상태에서
음식을 섭취하는 것은
불규칙적인 섭취 행태와
비정상적인 분위기를
초래할 수 있다.
초콜릿은 기분 전환의
만병통치약은 아니다.

**왜** 초콜릿을 멀리하기가 어려울까? 초콜릿에 자꾸 손이 가고 한 번에 먹는 양도 조금씩 많아지고 안 보이는 곳에 놓아두어도 자꾸 찾아서 먹는 것일까? 이런 현상을 초콜릿 탐닉chocolate cravings이라고 하는데 이것을 심리학적으로 설명할 수 있을까 아니면 생리학적으로 설명할 수 있을까?

심리학자이면서 뇌과학자인 우스터대학의 스타브니저Dr. Amy Jo Stavnezer는 이러한 현상을 설명하고자 노력했다. 그녀에 의하면 초콜릿을 먹으면 뇌의 특정 지역에서 도파민이라는 물질이 분비된다고 한다. 이 물질은 성적 흥분이나 웃을 때 또는 어떤 기쁜 일을 할 때 나오는 것과 같은 것이다. 더군다나 뇌의 전두엽은 초콜릿을 먹었을 때의 경험을 기억하여서 초콜릿을 생각하게 되면 뇌가 같은 경험을 다시 갈망하게 한다는 것이다.

하지만 초콜릿에는 500개 이상의 화학물질이 들어 있기 때문에 이 가운데 어떤 물질이 심리학적인 기능에 영향을 주는지 알아내기가 어렵다는 주장도 있다. 어떤 연구에 의하면 다크초콜릿, 밀크초콜릿, 화이트초콜릿 등 서로 다른 종류의 초콜릿에 의해서 다른 탐닉 현상을 나타냈다고 한다. 그렇다면 탐닉 현상을 일으키는 성분이 카카오 성분에 있다고 볼 수 있지 않을까 생각되지만 아직까지도 초콜릿을 탐닉하는 이유에 대해서는 명쾌한 정답은 없다.

그렇다면 초콜릿에도 중독성이 있을까? 어떤 식품에 대한 탐닉은 보통 실제적인 배고픔보다는 외부적인 자극이나 정서적 상태에 따라 일어난다. 탐닉에 앞서 지루하고 걱정이 있고 우울한 경향이 있으므로 탐닉이 자신을 가엽게 여기는 것에 대한 자기치료라고 볼 수도 있을 것이다. 초콜릿은 여러 가지 생물학적 활성을 가진 성분들이 있는데 이들 물질은 정상적이지 않은 행동이나 심리학적인 감각을 가져올 수도 있다.

핀란드의 탐페레Tampere 대학의 연구에 따르면 스스로 초콜릿에 중독되었다고 생각하는 사람들은 초콜릿 앞에서 침을 더 많이 분비하게 되고 더 부정적이고 더 걱정이 많은 상태를 보인다고 했다. 연구자들은 초콜릿 중독은 주기적인 중독의 특성을 보이는데 그 이유는 그들이 초콜릿에 대한 탐닉을 나타내고 불규칙적인 섭취 행태와 비정상적인 분위기를 가진다고 했다.

어떤 식품이든 마찬가지이겠지만 지나친 것은 부족한 것보다 못할 수도 있다. 초콜릿도 마찬가지로 스스로 먹는 행태와 섭취량 등을 절제하고 통제할 수 있어야 한다. 편식이 몸에 좋지 않다는 것은 식이행태의 기본이다.

# 75

## 초콜릿과 사랑

초콜릿과 사랑의
관계를 증명하는 것은
곤란하다.
결국 초콜릿과
사랑의 관계는
생리학적인 면보다는
심리학적인 면에서
설명이 가능할 것 같다.

정말로 초콜릿은 사랑의 묘약일까? 고대 아스텍 때부터 카카오와
사랑의 관계가 이야기되었다고 한다. 몬테수마 황제는 그의 사랑의
밀회를 위해 엄청난 양의 카카오 빈을 소비했다는 기록도 있다. 그 이
후에도 초콜릿에는 자극적인 성분들이 있다고 해서 기독교 성직자들
에게는 권장되지 않기도 했다.

초콜릿을 최음제aphrodisiacs, 아프로디지액로 생각한 적도 있었다. 최
음제란 성적인 쾌락을 증가시키며 스태미너를 강화시키는 기능을 가
지고 있는 식품이나 물질을 말한다. 어원은 고대 그리스 신화에서 사
랑과 미의 여신인 아프로디테에서 유래했다. 많은 경우 생리학적 기

능은 없고 심리적인 효과에서 비롯된다고 한다.

1980년대 초에 미국에서 여러 의사가 초콜릿이 최음제인가 관심을 가졌다. 의사들에 따르면 어떤 사람이 사랑에 빠졌을 때 뇌가 페닐에틸아민이라는 화학물질을 생성한다고 주장했다. 페닐에틸아민은 뇌에서 중추신경계를 자극하고 교감신경계를 흥분시키는 암페타민 amphetamines처럼 행동하여 노르에피네프린norepinephrine과 도파민 dopamine 호르몬의 분비를 촉진시켜서 행복감을 가지게 한다. 그래서 당시의 의사들은 초콜릿에 페닐에틸아민이 들어 있어서 초콜릿을 먹으면 행복감과 사랑을 느끼게 한다는 이론을 제시했다. 그러한 이론이 책으로 나오고 초콜릿을 사랑의 묘약최음제이라는 아이디어로 묘사해서 그런 개념을 만들어 버렸다.

이러한 이론이 실제인지는 확실하지 않다. 페닐에틸아민이 효소에 의해 분해되어서 몸 안에서 오래 가지 못한다는 주장도 있다. 뇌에서 분비된 페닐에틸아민이 혈류에까지 도달하는지도 의문이다. 초콜릿을 먹는 사람도 초콜릿을 성적 자극을 위해 먹는 것이 아니라 맛이 있어서 먹는 것이 일반적이다.

오늘날에는 과학자들이 초콜릿에서 흥분효과를 갖는 두 개의 물질을 기술하고 있는데 하나는 트립토판인데 성적 흥분과 연관된 뇌 물질인 세로토닌의 구성체이다. 다른 하나는 페닐에틸아민으로 암페타민과 연관된 자극체로서 사람이 사랑에 빠졌을 때 뇌에서 분비되는

• 초콜릿은 사랑의 묘약?

것이다. 또 다른 물질로 이야기되는 것은 아난다마이드인데 그 의미는 내적 행복이라는 뜻이다. 아난다마이드는 뇌에 있는 칸나비노이드cannabinoid 수용체에 결합을 해서 높아진 감수성, 행복감, 웰빙감 등 칸나비노이드와 같은 효과를 흉내 낸다고 한다.

그 밖에도 카카오는 N-아실-에탄올아민N-acyl-ethanolamines, NAEs을 함유해서 아난다마이드를 느리게 분해해서 효과를 연장시킨다. 또 다른 자극물질인 테오브로민과 카페인도 초콜릿에서 발견된다.

그렇지만 대부분의 연구자들은 초콜릿에 이들 물질의 함량은 너무 적어 어떤 측정할 만한 효과를 갖기가 어렵다고 한다. 그래서 초콜릿과 사랑의 관계를 증명하는 것은 곤란하다. 결국, 초콜릿과 사랑의 관계는 생리학적인 면보다 심리학적인 면에서 설명될 것 같다.

# 76

초콜릿의 역사

## 초콜릿의 역사

카카오와
초콜릿의 역사는
약 3천여 년 동안
이어져 오고 있다.
지금도 그 역사는
계속되고 있고
앞으로도 계속될
것이지만
이전 역사와는
많이 달라질 것이다.

우리가 다시 아스텍 시대로 돌아간다면 카카오를 어떻게 먹을까?
우리가 아스텍 사람들과 카카오에 관해 대화하면 소통할 수 있을까?

아마도 카카오 빈을 발효해서 음료에 사용했던 것은 중앙아메리카
였던 것 같은데 과학자들은 세계 각처에 있는 그릇들에서 남아 있는
흔적들을 화학적으로 분석해서 그러한 증거들을 찾아냈다. 이러한
증거들을 통해 초콜릿 음료를 마셨던 시기는 기원전 1900년대까지
거슬러 올라간다.

처음으로 초콜릿을 사용한 사람들은 지금 멕시코의 남동부에 살던
올멕Olmecs인들로 추정된다. 그들은 기원전 약 천 년 정도에 그 지역

에서 살았는데 그들이 사용하던 'kakawa'라는 말이 오늘날의 'cacao'가 된 것으로 보인다.

그리고 천 년 정도 후인 기원전 250~900년에는 그곳에 마야인들이 살았는데 그들도 카카오를 사용했다. 실제 초콜릿의 역사는 이 마야인들로부터 시작된다. 마야인들은 카카오에 물, 후추, 바닐라, 향신료 등을 넣어 의식에 사용되는 음료를 만들어서 결혼식에 사용하였다. 카카오 콩은 화폐로도 사용되었는데 기록에 따르면 말 한 마리는 10개의 카카오 빈으로, 토끼는 4개의 빈으로, 그리고 노예는 100개의 빈으로 살 수 있었다고 한다.

1200년경에 아스텍 제국이 멕시코를 지배하기 시작했는데 아스텍인들은 세금으로 카카오 빈을 내야 했다. 아스텍인들은 카카오 빈을 음료를 만드는 데도 사용하였는데 이 음료에 꽃이나 바닐라, 꿀 등을 더하였다.

1502년 8월 15일에 크리스토퍼 콜럼버스가 그의 네 번째 아메리카 탐험에서 큰 배를 만나 공격했는데 그때 전리품인 카누 안에 카카오 빈이 들어 있었다. 그의 아들인 페르디난드에 따르면 원주민들은 카카오 빈을 아주 귀중히 여겼는데 카카오 빈이 떨어지면 사람들은 일을 멈추고 마치 자기들의 눈알이 떨어진 것처럼 혈안이 되어 잃어버린 것을 찾았다고 한다. 그렇지만 콜럼버스가 카카오를 유럽으로 가져 왔을 때 사람들의 관심을 끌지는 못했다.

스페인의 정복자인 에르난 코르테스Hernan Cortes는 16세기에 몬테수마Montezuma의 법정에서 유럽인으로서는 처음으로 초콜릿을 보았다. 그 이후에 아스텍의 초콜릿이 스페인으로 들어오게 되었고 아주 빠르게 기호품으로 퍼져갔다. 그렇지만 여전히 음료의 형태로 음용되었는데 스페인 사람들은 이 음료에 설탕이나 꿀 같은 것을 넣어 쓴 맛을 없애고 마셨다.

유럽 나라들의 남아메리카에서의 식민지화가 진행되면서 재배지역이 확대되었지만, 중앙아메리카의 노동자는 부족해졌다. 가장 큰 요인은 질병에 의해서였다. 때문에 카카오 생산은 아프리카에서 온 가난한 임금 노동자와 노예들에 의해서 이루어졌다. 또 생산 속도를 빨리하기 위해 풍력이나 마력을 이용한 밀mill이 사용되었다.

당시에도 여전히 초콜릿은 엘리트와 부자들의 보물처럼 여겨졌고 증기를 사용한 산업혁명으로 카카오 빈의 가공이 신속하게 이루어진 다음에야 대중적으로 마시게 되었다. 그때까지도 여전히 카카오는 음료로서 사용되었다.

1728년 유럽에 처음으로 초콜릿 공장이 설립되었는데 당시는 고대의 생산 방법을 사용했다. 1819년에는 스위스에 최초의 부드러운 초콜릿바를 만드는 공장이 세워졌으며 1842년에는 영국의 캐드버리사가 초콜릿 바를 생산했다.

그러다가 드디어 기술과 조직감 등에 있어서 획기적인 변화가 일어나게 되었다. 1815년에 네덜란드의 화학자인 콘래드 반 호텐 Coenraad Van Houten이 초콜릿에 알칼리염을 넣어서 쓴맛을 줄였고 그로부터 몇 년 후인 1828년에는 카카오 빈을 압착해서 유지를 짜내는 것을 고안해냈다. 이렇게 해서 더 값싸고도 일정한 품질을 가진 초콜릿을 만들 수 있게 되었다. 이 혁신적인 기술로 인해 현대판 초콜릿이 만들어진 것이다. 네덜란드식 코코아dutch cocoa라고 알려진 이 기계에 의해 얻어진 코코아버터를 사용하여 1847년에는 조셉 프라이 Joseph Fry가 고체 형태의 초콜릿을 만들었다.

1875년에 스위스의 다니엘 피터Daniel Peter가 초콜릿에 네슬레 연유를 넣어서 밀크초콜릿을 개발하여 밀크초콜릿 시대를 열었다. 다니엘 피터가 연유를 혼합하는 방법을 개발했는데 생산은 그의 친구인 헨리 네슬레에 의해서 이루어졌다고 한다.

뒤이어 1879년에는 스위스의 린트Lindt가 콘칭conching이라는 기술을 개발해서 크리미한 초콜릿을 개발했는데 콘칭이라는 기술은 우연히 그의 조수가 실수로 기계를 밤새 돌리고 있는 것에서 발견했다고 한다. 그는 콘체conche를 개발하였고 이 기계를 사용해서 만든 초콜릿을 폰당fondant이라고 이름하였다. 린트는 1899년에 이 폰당의 배합을 데이비드 슈프륀글리David Sprungli에게 1백5십만 스위스 프랑에 팔았다. 이렇게 해서 린트와 슈프륀글리가 결합된 지금의 린트 앤 슈프륀글리Lindt & Sprungli가 탄생했다.

미국의 밀튼 허쉬는 1903년에 초콜릿 공장을 세웠고 근로자들을 위해 펜실베니아의 해리스버그 근처에 허쉬 타운을 만들었다. 이러한 연유로 1906년에 펜실베이니아의 데리 처치Derry Church 타운은 밀튼 허쉬를 기념하여서 그 이름을 허쉬Hershey로 개명했다. 허쉬의 키세스가 처음으로 만들어진 1907년에는 키세스의 형태는 네모 형태였다고 한다. 그러다가 1921년에 새로운 기계가 도입되면서 현재의 모양으로 변경되었다고 한다. 영국의 퀘이커교도들은 가난한 사람들이 알코올을 마시는 대신 더 건강한 음료인 초콜릿 드링크를 마시도록 권했다. 미국에서 초콜릿을 개발한 밀튼 허쉬는 퀘이커였다고 한다.

발렌타인데이용 초콜릿 캔디 상자는 1861년에 리차드 캐드버리 Richard Cadbury에 의해 하트 모양으로 처음 만들어졌다.

1502 콜럼버스가 카카오와 첫 대면

1519 에르난 코르테스 멕시코 점령

1528 에르난 코르테스 카카오 빈을 가지고 스페인으로 돌아옴

1569 교황 비오 5세 코코아가 금식을 깨지 않는다고 선언

1585 카카오 빈을 선적한 배가 세비야에 처음으로 도착

1606 피렌체 상인 안토니오 카를레티가 이탈리아에 초콜릿 알림

1615 스페인 왕 펠리페 3세의 딸 안 도트리슈

   프랑스 루이 13세 와 결혼, 초콜릿 음료 소개

1657 영국 런던에 최초의 초콜릿하우스가 문을 엶

1659 프랑스 카이유에게 초콜릿 제조, 판매의 독점권을 줌

1660 스페인의 마리 테레즈 공주 프랑스 루이 14세와 결혼

1674 런던의 '커피 밀과 타바코 롤'에서 최초의 초콜릿 드롭스를 선보임

1684 프랑스 조제프 바소 초콜릿을 '신의 음식'이라고 함

1686 시암왕국 대사가 루이 14세에게

   은으로 된 초콜릿 주전자 를 선물함

1727 영국 니콜라스 샌더스 우유와 초콜릿을 섞어

   최초의 밀크 초콜릿 음료를 만듬

1728 영국 월터 처치만 카카오 빈 압착기 발명

1732 프랑스 뒤 뷔송 카카오 분쇄하는 높은 수평대 발명

1753 린네가 카카오에 '테오브로마 카카오'라는 학명을 붙임

1765 미국 제임스 베이커와 존 해넌이

   매사추세츠에 미국 최초의 초콜릿 공장 세움

1778 프랑스 도레, 수력을 이용해

   카카오 반죽을 빻아 반죽을 만드는 기계 발명

1819 카이예 스위스 최초의 초콜릿 공장을 세움

1820 스위스 필리프 슈샤드 멜랑제 개발

1824 상투메섬에 카카오 이식

1826 이탈리아 카파렐리 창립

1825 네덜란드 반 호텐 코코아버터 추출법 개발

1825 프랑스 누아젤에 므니에 초콜릿 공장이 세워짐

1825 슈샤드 스위스 뇌샤텔에 가게를 엶

1828 네덜란드의 반 후텐 분말 초콜릿 특허 획득

1832 오스트리아 프란츠 자허가 자허 토르테를 만듦

1847 영국 프라이사 최초의 고형 초콜릿을 만듦

1847 프랑스 풀랭 초콜릿 가게를 엶

1865 이탈리아 카파렐, 지앙주아 출시

1866 캐드버리 코코아 에센스 분말 코코아 출시

1867 스위스의 앙리 네슬레가 분유 만드는 법 발명

1868 영국에서 최초의 초콜릿 상자 만듦

1870 찰스 노이하우스 벨기에 최초의 초콜릿 공장 세움

1874 프랑스 므니엘 누아젤에 므니엘 마을 조성

1875 스위스의 다니엘 피터 최초의 밀크 초콜릿 만듦

1879 캐드버리 본빌에 모델 타운 건설

1879 스위스 루돌프 린트 콘칭법 발명

1879 가나에 카카오 이식

1899 린트와 스프륑글리 합병

1901 슈샤드, 밀카 출시

1904 네슬레 초콜릿으로 사업 확장

1905 코트디부아르에 카카오 이식

1905 캐드버리 데어리 밀크바 출시

1906 허쉬 미국 펜실베이니아에 허쉬빌 건립

1907 허쉬 키세스 출시

1908 스위스 장 토블러, 토블로네 출시

1912 벨기에 장 노이하우스 최초의 초콜릿 쉘을 만듦

1920 미국인 프랑스 마스가 마스 초콜릿바 출시

1922 이탈리아 페루지나 바치 출시

1925 프랑스 발로나 설립

1946 벨기에 브뤼셀에 고디바 설립

1949 이탈리아 페레로 누텔라 출시

1961 네슬레, 네스퀵 출시

1968 우리나라 해태제과와 동양제과에서 최초의 초콜릿 생산

1986 발로나 그랑크루 개념 도입

참조: 『초콜릿: 잘 먹고 잘사는 법 시리즈』, 2007. 김영사

# 77

## 초콜릿과 노벨상

초콜릿은 값싼 기호식품은
아니다. 따라서 초콜릿 소비량이
많은 것을 개인과 국가의 소득
수준과 연결지어 생각한다면
교육과 연구의 기회도
많아진다는 것이 합리적인
설명일 것 같다. 물론 카카오의
기능적인 부분도 무시할 수는
없으니 다크초콜릿도 많이 먹자.

**노**벨상 발표를 앞둔 어느 날 미국의 한 과학자가 이런 궁금증을
가졌다. "초콜릿을 먹는 것과 노벨상 수상에 어떤 연관이 있을까?" 도
대체 초콜릿과 노벨상 수상에 무슨 관계가 있다는 것일까? 국가별 초
콜릿 소비량과 국민들의 지적 능력과 어떤 관계가 있을까? 이런 궁금
증을 가진 것은 미국 뉴욕의 세인트 루크 루즈벨트 병원의 프란츠 메
저리Franz H. Messerli이다. 그는 국가들의 지적 능력을 공식적으로 알
수가 없으므로 인구 1인당 노벨상 수상자를 조사해서 국가의 지적 능

력을 대신해보기로 했다.

초콜릿 소비량은 스위스는 2011년만 자료조사가 가능했고 15개 국가는 2년간, 5개 국가는 8년간의 자료를 사용했고 중국은 10년간 자료를 사용했다. 그 결과 22개 국가의 초콜릿 소비량과 1900년부터 2011년까지의 노벨상 수상자 숫자 간에 놀랍고도 강력한 상관관계를 발견했다고 한다.

인구 천만 명당 가장 많은 노벨상 수상자를 배출한 나라는 스위스였고 다음으로는 스웨덴과 덴마크 순이었다. 미국은 네덜란드, 아일랜드, 프랑스, 벨기에, 독일 등과 중간 정도에 올랐고 중국, 일본, 브라질은 그 아래에 있었다. 재미있게도 어떤 나라가 노벨상 수상자 수를 늘리기 위해 더 많이 소비해야 할 초콜릿의 양을 연간 1인당 0.4Kg으로 계산하기도 했다. 정말 연간 1인당 초콜릿 소비량을 0.4Kg 늘리면 노벨 수상자가 늘어날 수 있을까? 이 계산에 따르자면 우리나라는 인구를 5천만 명이라 할 때 연간 2천만 Kg, 무려 2만 톤을 더 소비해야 하는 셈이다.

이 의견에 대한 반박은 얼마든지 가능하다. 초콜릿의 연간 1인당 섭취량과 노벨상 수상자 숫자 간에 데이터 적으로 상관관계를 볼 수 있다고 하더라도 초콜릿 섭취를 많이 하는 것이 노벨상을 수상하게 하는 직접적인 원인이 되는 것은 아니다. 상관성과 원인은 다르다. 실제로 초콜릿 섭취와 노벨상 수상자 숫자 간의 상관관계에 보이지 않

● 초콜릿과 노벨상은 관계는?

게 미칠 수 있는 요소들이 다양하게 존재한다. 예를 들어 초콜릿 소비량이 개인의 소득수준을 반영할 수도 있는데 소득이 높아서 초콜릿과 같은 고급 식품을 많이 소비하는 것일 수도 있다. 즉, 초콜릿을 많이 소비하는 사람은 소득이 높아 교육과 연구에도 큰 비용을 투자할 것이다. 이런 초콜릿 섭취가 아니라 소득 수준의 향상으로 많은 교육과 연구가 이루어져서 노벨상 수상자를 많이 배출할 수 있다는 설명 쪽이 합리적일 수도 있다. 어느 하나만으로 단정 지을 수 없지만 여러 요소가 복잡한 상관성을 가지고 있다고 볼 수 있지 않을까?

그렇다면 정말 초콜릿 소비량과 노벨상 수상과는 관계가 없을까? 재미있는 이야기 하나를 소개한다. 2001년 노벨상을 공동 수여한 미국의 물리학자인 에릭 코넬Eric Allin Cornell은 로이터와의 대화에서 그의 수상 비결이 다크초콜릿을 먹은 것이라고 농담했다. 그러면서 "개인적으로 느끼기에 밀크초콜릿은 어리석게 만들지만, 다크초콜릿은 가야 할 길이다. 노벨 물리학상을 수상하려면 다크초콜릿을 훨씬 더 많이 먹어야 한다"라고 했다. 그에 따르면 국가의 초콜릿 소비량은 국가의 부와 연관이 있고 국가의 부는 고급 연구와 연결되어 있다는 것이다. 따라서 초콜릿은 고급 연구와 연결될 가능성이 있다는 것이지 특별한 연결고리가 된다는 것은 아니다. 여기서 주목해야 할 것은 다크초콜릿이다. 여러 연구에 의하면 다크초콜릿은 뇌와 심장에 좋은 효과를 주고 체중을 줄이는 데 유익하다는 것이다.

❈ pictorial ❈

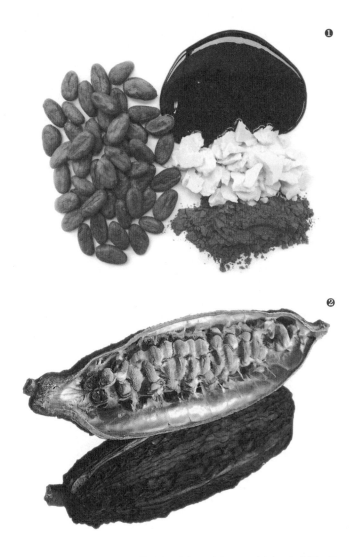

❶ 카카오 빈과 코코아매스, 코코아버터, 코코아분말_p15
❷ 카카오 포드와 카카오 빈_p20

❸ 카카오 빈의 껍질_p30
❹ 생초콜릿 제품_p55

❺ 물중탕에 의한 초콜릿 용해_p66
❻ 에어초콜릿 제품_p82

❼ 초콜릿 버미셸리_p100
❽ 초콜릿 후레이크_p100

**❾** 트러플 초콜릿 제품_p109
**❿** 코코아 분말을 입힌 가나슈 초콜릿_p112

⑪ 밀크초콜릿, 화이트초콜릿, 다크초콜릿_p127
⑫ 초콜릿과 잘 어울리는 견과류들_p166

1. 밀크초콜릿에 물이 소량 혼입된 모양. 물이 혼입된 곳에서 설탕 등이 녹는다. 흔들어주거나 섞어주지 않으면 다른 곳으로 번지지는 않는다. 밀크초콜릿의 색상에도 변화가 생긴다.

2. 밀크초콜릿에 수분 2%를 추가적으로 넣고 혼합한 모양. 유지가 기초로 되어 있는 밀크초콜릿이 뭉치고 굳는 현상이 난다. 혼합하지 않으면 혼입된 부분에 한정되지만 섞이면 전체에 영향을 주게 된다.

3. 밀크초콜릿에 많은 양의 수분인 15%를 첨가하고 혼합한 모양. 물과 기름의 상전이가 보이기도 하고 굳어지고 뭉친 상태가 남아있기도 하다.

4. 밀크초콜릿에 수분 20%를 첨가하고 혼합한 모양. 완전하게 상전이가 이루어진 상태가 된다. 초콜릿 시럽과 같은 성상을 나타내고 있다.

1. 초콜릿을 잘게 자른다

2. 우유에 초콜릿을 녹인다

3. 과일 등을 초콜릿에
   찍어 먹는다

**지은이 ▌ 김종수**

    서울대학교 식품공학과와 동 대학 보건대학원을 마치고 25년 넘게 초콜릿 분야에서 항상 배우기를 힘쓰며 일해 오며 카카오와 초콜릿에 대해서 알게 된 것을 여러 사람과 나누고 싶은 꿈을 가지게 되었고 그 꿈을 이루기 위해서 노력하고 있다.

    광주보건전문대학 강의와 롯데중앙연구소를 거쳐 지금은 '카카오 초콜릿 연구원'을 운영하면서 지식과 경험을 토대로 카카오와 초콜릿에 대한 기초부터 전문까지의 강의와 교육, 그리고 기술개발과 컨설팅에 매진하고 있다.

저서로 초콜릿 분야 전문서인 『카카오에서 초콜릿까지』(한울, 2012)와 무화과를 다룬 『성경 속의 무화과 이야기』(퍼플, 2015)가 있다.

카카오 초콜릿 연구원
Cacao & Chocolate Institute

http://www.cacaochocolate.org

(우)08377 서울특별시 구로구 디지털로 33길 48 대륭포스트타워 608호
TEL: 02-6959-9113 / FAX: 02-6442-9450 / info@cacaochocolate.org

## 카카오와 초콜릿 77가지 이야기

지은이 **김종수**

펴낸이 **김종수** ǀ 펴낸곳 **한울엠플러스(주)** ǀ 편집 **임정수**

초판 1쇄 인쇄 **2016년 10월 15일** ǀ 초판 1쇄 발행 **2016년 10월 20일**

주소 **10881 경기도 파주시 광인사길 153 한울시소빌딩 3층** ǀ
전화 **031-955-0655** ǀ 팩스 **031-955-0656**
홈페이지 **www.hanulmplus.kr** ǀ 등록번호 **제406-2015-000143호**

Printed in Korea.
ISBN 978-89-460-6232-0 03570 (양장)
    978-89-460-6233-7 03570 (학생판)

※ 책값은 겉표지에 표시되어 있습니다.
※ 이 책은 강의를 위한 학생용 교재를 따로 준비했습니다.
   강의 교재로 사용하실 때에는 본사로 연락해주시기 바랍니다.

# 카카오에서 초콜릿까지

김종수 지음/ 288면/ 2012년 11월 발행

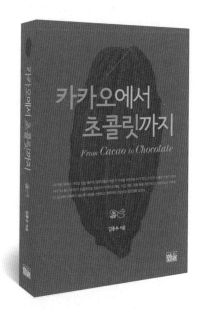

## 25여 년 간 초콜릿을 연구 · 개발한 저자의
## 초콜릿 만들기의 모든 것!

이 책은 롯데중앙연구소 수석연구원을 주요 경력으로
20여 년 간의 기초 원료부터 유통까지 초콜릿의 모든 것을
현장에서의 풍부한 실무경험과 이론적 지식을 바탕으로 하고 있다.

단순한 초콜릿 만들기 안내가 아니라 카카오가 초콜릿으로 만들어지기까지
재료, 가공, 제조, 유통 등을 전문적이고 기술적으로 다루면서도
이해하기 쉽도록 내용을 선별,함축하여 전문성과 접근성을 높였다.

## 한울의 관련 도서

유동식을 처음 대하는 5개월부터 식탁에서 밥을 먹는 18개월까지
아기를 쑥쑥 자라게 할 몸 튼튼 머리 똑똑 레시피

### 영양 만점,
### 할머니의 웰빙 이유식
이영옥 지음/ 224면/ 2016년 8월 발행

우리 몸에 좋은 먹거리가 동물과 지구 전체의 생명을 살리는 먹거리

### 먹거리 혁명
음식으로 당신의 몸, 그리고 세상을 치유하라!
존 로빈스 · 오선 로빈스 지음/ 김윤희 옮김/ 328면/ 2015년 8월 발행

한국 음식문화의 전체적인 모습을 한 권의 책에 담다!

### 한국 음식은 "밥"으로 통한다
우리 음식문화 이야기
최준식 지음/ 220면/ 2014년 4월 발행

이슬람 음식을 통해 만나는 아랍 무슬림의 흥미로운 생활문화!

### 할랄, 신이 허락한 음식만 먹는다
아랍음식과 문화코드 탐험
엄익란 지음/ 232면/ 2011년 3월 발행

문화체육관광부 우수 교양도서
한국인에게 술은 문화적인 미각으로 마시고 감성으로 취하는 것이다.

### 소울푸드
술과 문화 이야기
원경은 · 임완혁 지음/ 288면/ 2010년 7월 발행

2011년 대한민국학술원 우수학술도서
인간의 먹을거리체계가 갖는 사회적·문화적 의미는?

### 메뉴의 사회학
음식과 먹기 연구로의 초대
앨런 비어즈워스 · 테레사 케일 지음/ 박형신 · 정헌주 옮김/ 484면/ 2010년 5월 발행

커피의 시대. 유럽 전역을 방문해 커피 맛을 취재한
저자가 소개하는 커피를 둘러싼 하나의 '세계'

### 유럽 커피문화 기행
장수한 지음/ 348면/ 2008년 11월 발행